はじめに

ワイヤーロープ、ベルトスリング等は、あらゆる建設の現場において運搬の主要な用具として使用されています。玉掛索として使用されているワイヤーロープ、ベルトスリングが破断する事態を招きますと、重大災害につながるケースが多く、計画段階でのワイヤーの選定、日常の点検・管理は大変重要になってきます。

玉掛索は、その用途、作業形態、材質等から消耗品と考えてしまう感覚が強く、作業者の勘と経験に頼りすぎた管理が常態化しております。また、直接施工に当たる専門工事会社に対して、技術上の指導、助言を行うべき作業所職員に、玉掛索に関わる管理上の要点について知識が不足している一面もあります。

本書は、作業所における玉掛け作業において、使用条件によって思わぬ強度低下を起こすケースに焦点を当て、計画段階、作業中において適切な指導ができるようにまとめたものです。編集に際しては、できるだけ図表を用いるようにしたことと、災害事例集、作業員の教育資料にはイラストを多用しました。

本書が、作業所職員の管理能力向上と作業員に対する教育資料として活用されれば幸いです。

仙台建設労務管理研究会

目　次

1　玉掛索の種類

1．1　ワイヤーロープの種類

ワイヤーロープの中心に繊維が入ったものを繊維心ロープ、ワイヤーストランドの入ったものを共心ロープ、ワイヤーロープの入ったものをＩＷＲＣロープと区分されている。

（1）ワイヤーロープの種類と特性

ロープの心材の材質は、大別すると次のとおりである。

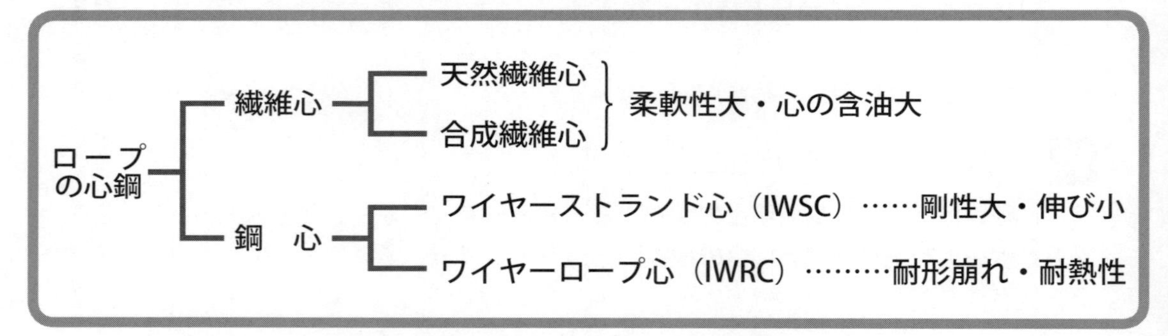

建設現場で使用されるワイヤーロープの種類

構成記号	断面図	玉掛索に使用されるワイヤーロープの破断強度比較（6 × 24 A種を 1.0 とする）			柔軟性の比較	型崩れ性の比較	備　考
		G種	A種	B種			
		めっき	裸・めっき	裸・めっき			
6 × 24		0.93	1.00	－	○	△	心材に繊維が用いられており、柔軟性があり取り扱いやすい。
6 × 37		1.00	1.08	－	○	△	柔軟性があり、6 × 24 では破断強度が不足する場合に使用される。
IWRC 6 × Fi（25）		－	－	1.34	△	○	高い破断荷重の必要な場合や、高温下での場合に使用される。
IWRC 6 × Fi（29）		－	－	1.37	△	○	

○…優れている　△…やや劣る

（2）玉掛索の形状

形状の種類

区分	1本形		2本形	3本形	4本形	
	マスターリンクなし	マスターリンク付	マスターリンク付	マスターリンク付	マスターリンク付	マスターリンク・中間リンク
	圧縮止め	圧縮止め	圧縮止め	圧縮止め	圧縮止め	圧縮止め
両端シンブルなし						
両端シンブル付				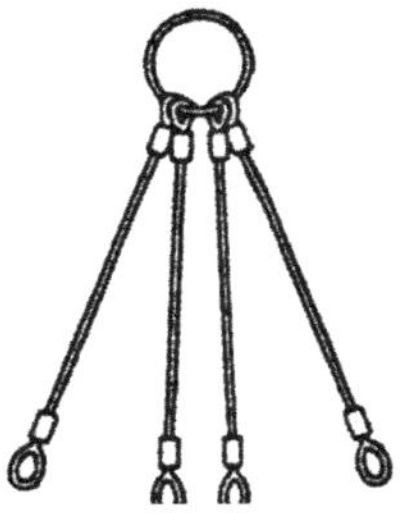	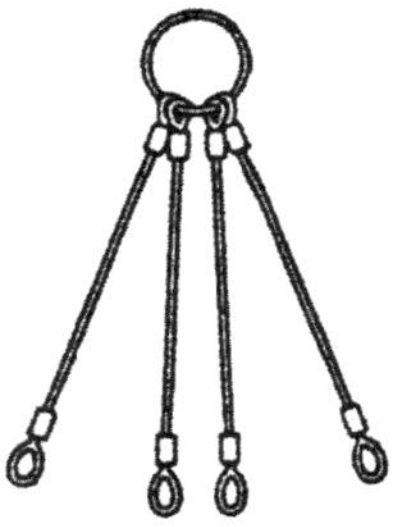	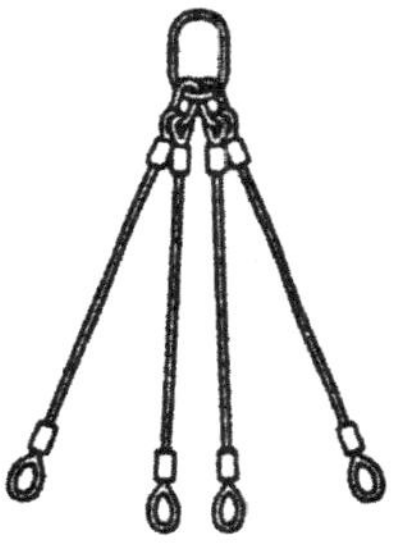
片端シンブル付 片端シンブルなし					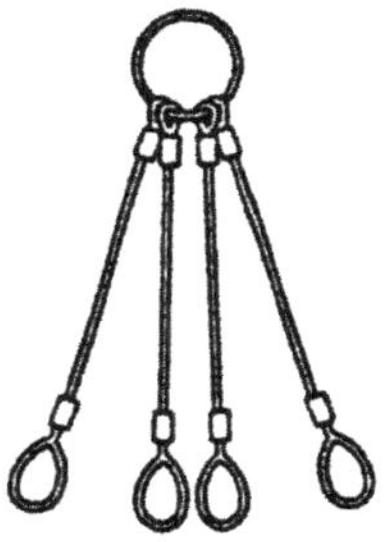	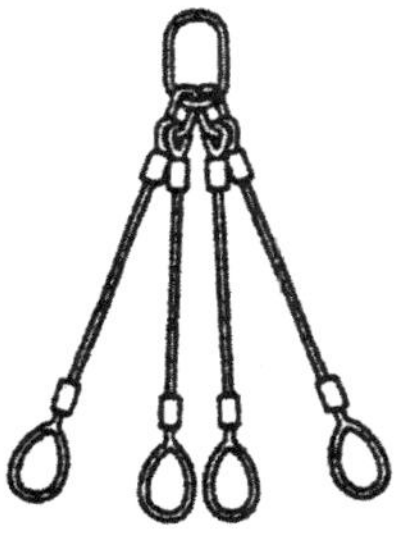
片端フック付 片端シンブル付						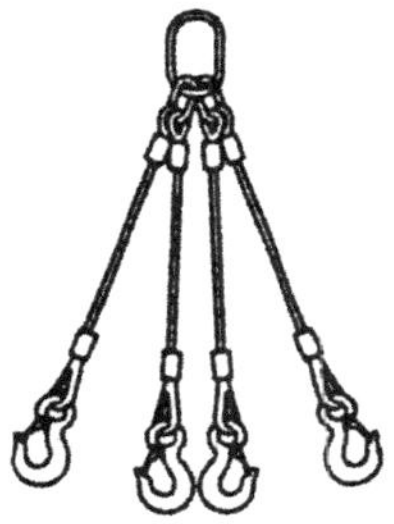

（3）玉掛索と台付索

玉掛索と台付索の相違

	玉掛索	台付索
使用目的	荷や物を吊り上げる。	荷や物を固定する。
アイスプライス加工方法	ワイヤーロープのすべてのストランドを3回以上丸差しで編み込み後、各々のストランドの素線の半数を切り、残りの素線をさらに2回以上（半差し）編み込み、計5回以上編み込むものとする（丸差し4回以上の場合、半差し1回以上）。 クレーン等安全規則第219条第2項および労働安全衛生規則第475条第2項で半差しおよび編込み回数が規定されている。	法的規定はない。 一般的にはワイヤーロープのすべてのストランドを丸差しで5回以上編込み、半差しの部分がない。
外観	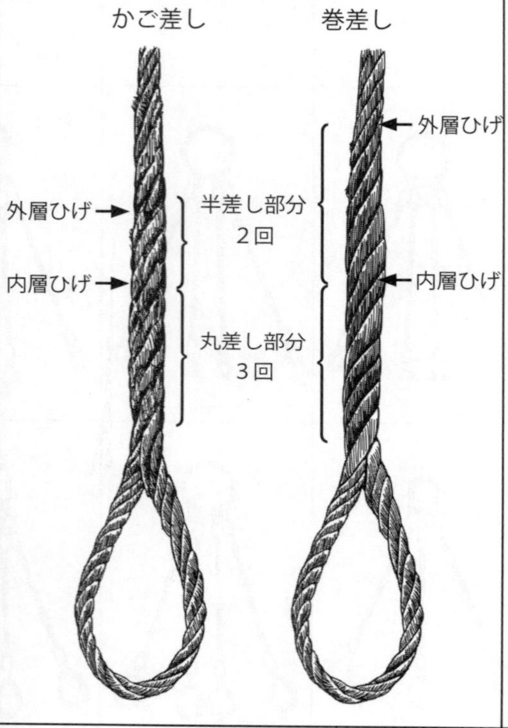 かご差し　巻差し 外層ひげ　内層ひげ 半差し部分 2回 丸差し部分 3回 外層ひげ　内層ひげ	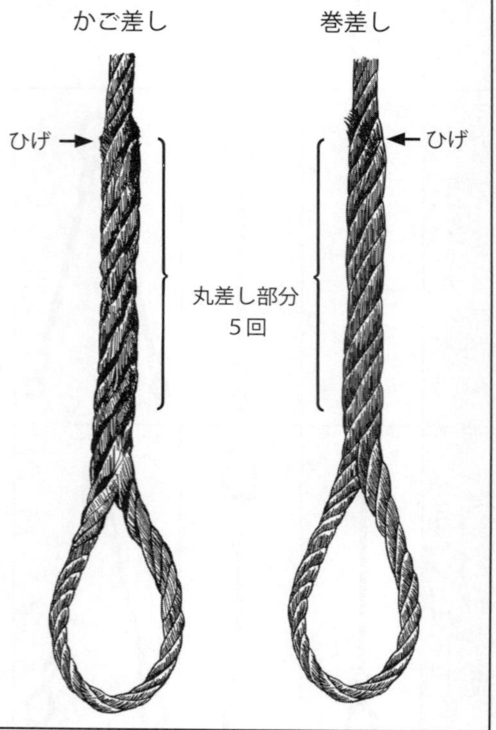 かご差し　巻差し ひげ　ひげ 丸差し部分 5回
安全率	6以上	4以上
加工者	ロープ加工技能士の資格を有する者、または十分な技能および経験を有する者	
表示	ロープ加工技能士により加工された玉掛索には、ロープ加工技能士加工製品のラベル表示がなされる。	ロープ加工技士 （厚生労働省認定）加工 加工技能士登録番号

1.2　ベルトスリングの種類

（1）ベルトスリングの種類と特性

種類	玉掛索		台付索	
	ポリエステル（テトロン）	ナイロン	ポリプロピレン（パイレン）	アラミド繊維
特性	・耐候性あり ・低伸度 ・軟化点高い	・高伸度 ・耐候性劣る ・吸水性大（強度低下） ・ガス黄変（排気ガス等窒素酸化物） ・軟化点やや低い	・耐候性やや劣る ・軟化点低い ・耐酸・耐アルカリ	・高強度 ・極低伸度 ・耐熱性あり ・耐候性劣る

（2）ベルトスリングの光劣化

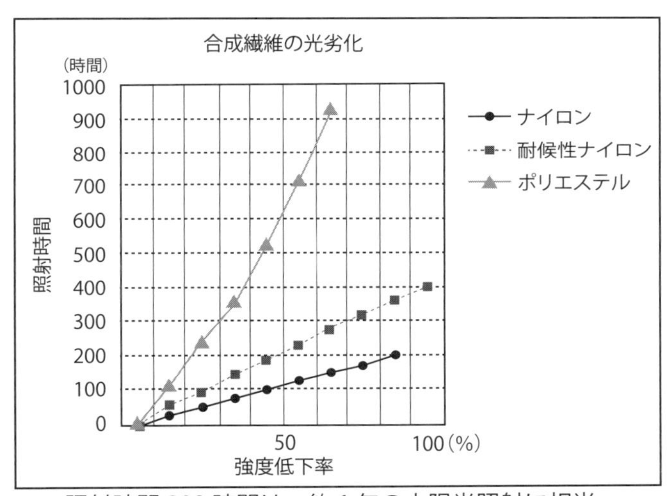

＊照射時間 200 時間は、約 1 年の太陽光照射に相当

ベルトスリングの使用に当たっては、屋外で使用する場合、耐候性ナイロンで 1 年で 50%、ポリエステルで 20%の強度低下があることを留意する必要がある。

したがって、ベルトスリングを使用後、野ざらしにしたり、トラックの荷台に放置することは思わぬ強度低下を招くことになるため、日光を遮断する保管方法を十分に検討する必要がある。

（3）ベルトスリングの形状

両端アイ形

エンドレス形

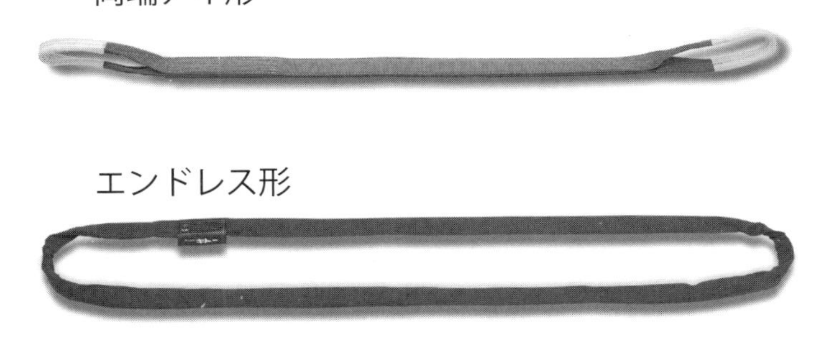

金具付

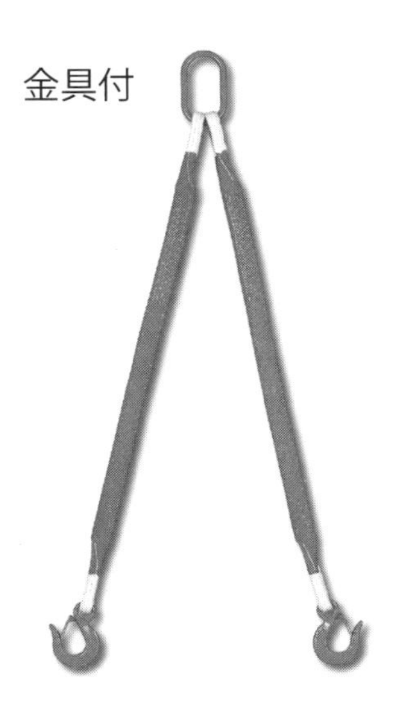

2 玉掛索の強度

2.1 ワイヤーロープ

（1）吊り角度による張力増加

荷を玉掛けした場合、同じ質量の荷を吊ってもロープに掛かる張力は吊り角度によって変化する。

フックに掛けたロープ間の開きをα（吊り角度）とすると、張力増加係数Kは次式により算出される。

$$K = 1 \times 1 / \cos(\alpha / 2)$$

２本の玉掛索が平行になるとき、すなわち$\alpha = 0°$のとき、ロープ張力を１とすると、下図および次ページ表のようになる。

吊り角度が大きくなるとロープに掛かる張力が大きくなるため、実際の作業では吊り角度を60°以内にする必要がある。

吊り角度とロープに掛かる張力増加の関係

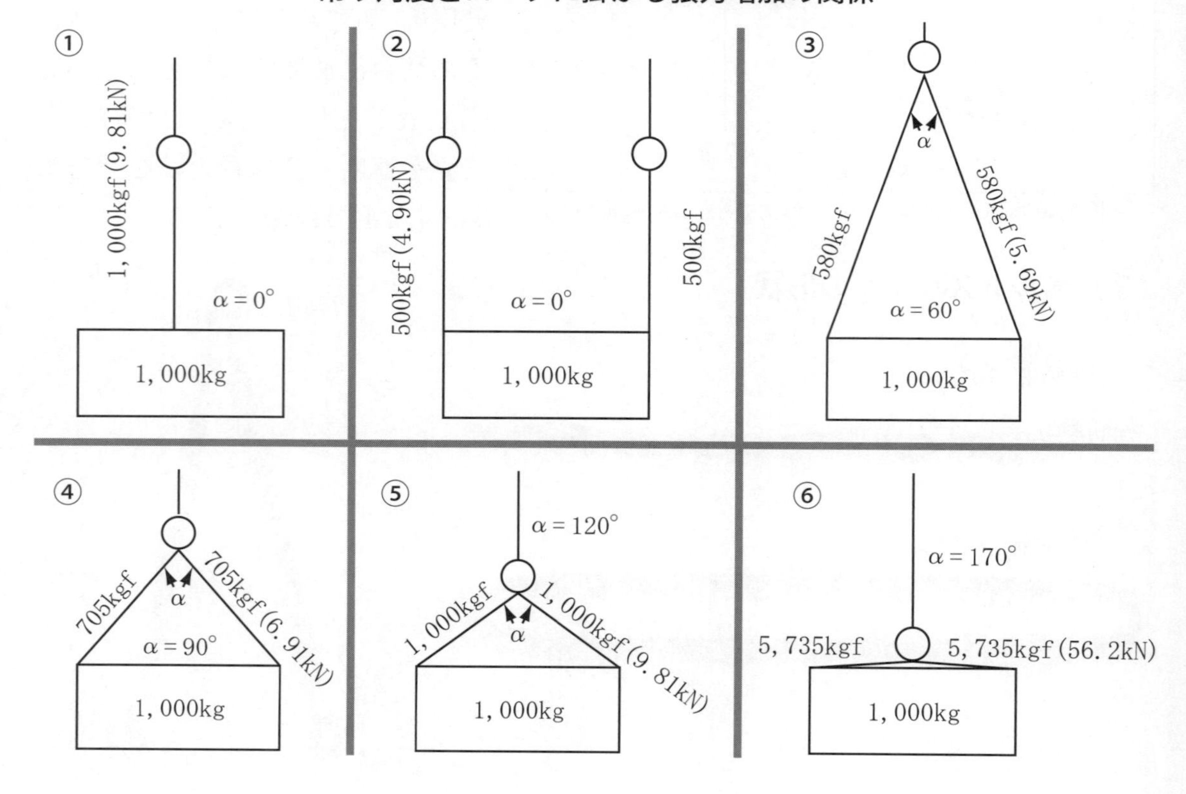

張力増加係数

吊り角度　α°		張力増加係数（K）	吊り角度　α°		張力増加係数（K）
推薦角度	0	1.00	参考	70	1.22
	10	1.01		80	1.31
	20	1.02		90	1.41
	30	1.04		100	1.56
	40	1.07		110	1.74
	50	1.10		120	2.00
	60	1.16		130	2.37
				140	2.93
				150	3.86

（2）折り曲げによる強度低下

ロープをフック等の円筒形のものに巻きつけると、折り曲げられた部分の強度は、まっすぐな部分の強度より低下する。この低下する割合は折り曲げ部の径とロープの構成により異なる。この強度低下率を実験により求めたものを下表に示す。

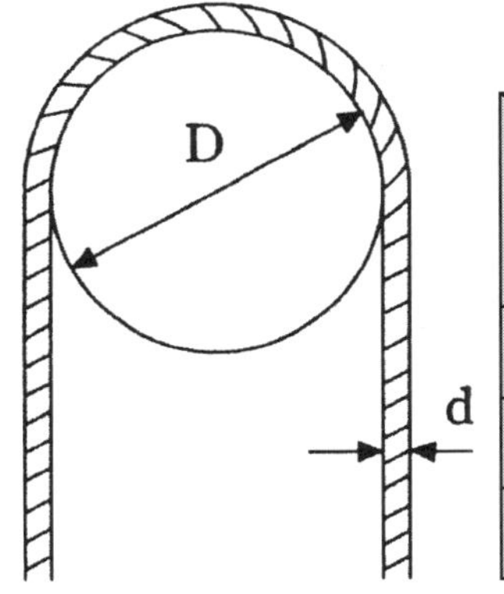

折り曲げによる強度低下率（%）

ロープの構成 ＼ D／d	1	5	10	20
6 × 24	50	30	25	10
6 × 37	45	22	10	5
6 × Fi (25)、Fi (29)	45	25	15	4

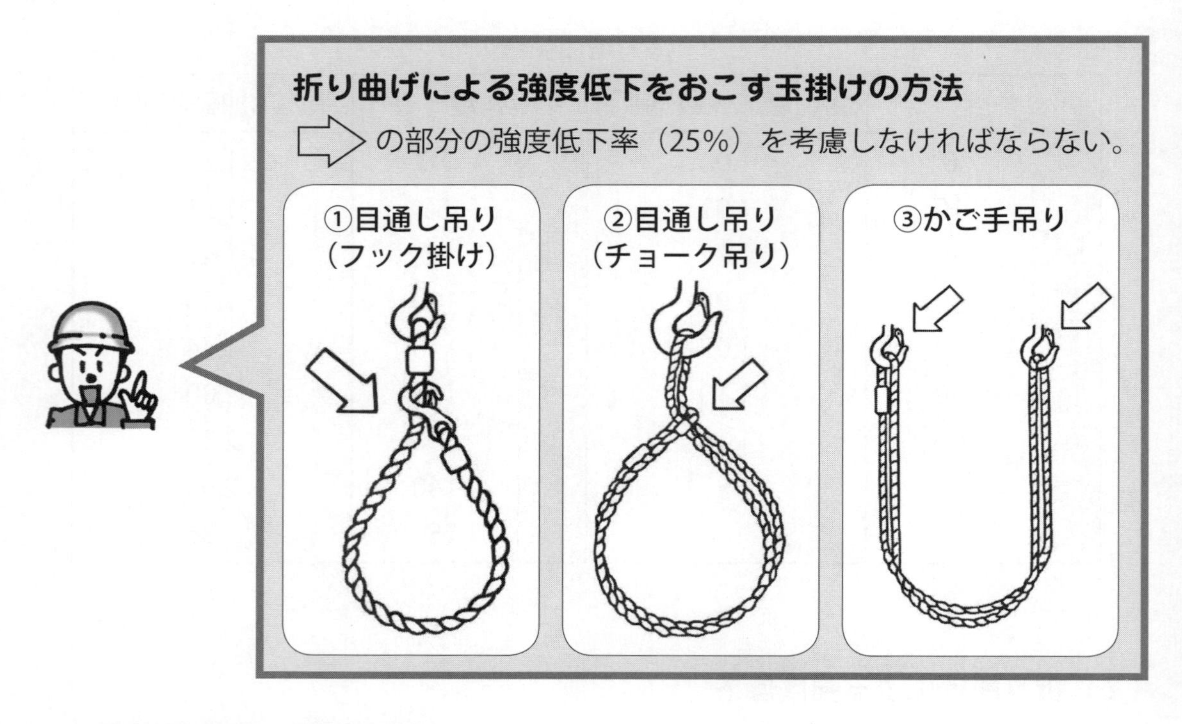

（3）鋭利な角による強度低下

下図のようにロープを鋭利な角に当てると、折り曲げられた部分の強度は曲げられないまっすぐな部分の強度より低下する。その強度低下率を実験により求めたものを下表に示す。

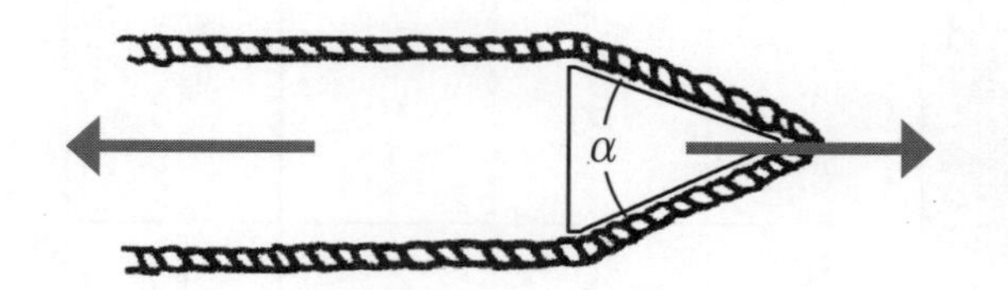

角度α（°　）	120	90	60	45
強度低下率（%）	30	35	40	47

また、90°の鋭利な角に当て規格破断荷重の１／６で引っ張ったロープは、角の部分で損傷し、元に戻して引っ張り試験を行うと破断荷重が約20%低下する。

鋭利な曲げによる強度低下をおこす作業

①　角ばった資材の玉掛け作業

②　シートパイル、H鋼などの鋼材に穴を開け、直接ワイヤーを通して目通し吊りをする作業

（4）衝撃荷重

下図のようにロープが緩んだ状態で荷重が垂直に落下した場合、ロープには非常に大きな衝撃荷重が作用する。

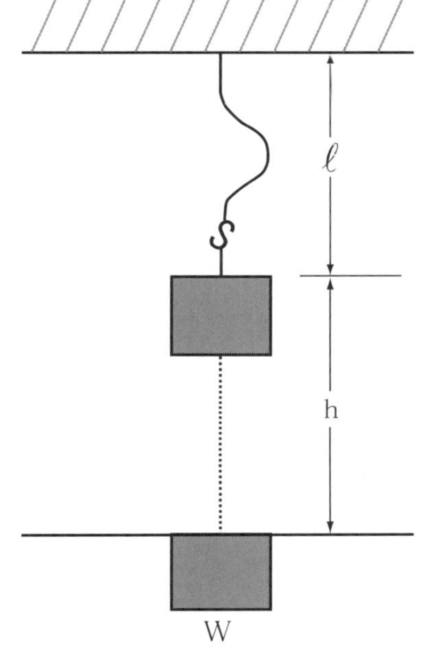

衝撃荷重の大きさＷｓは、次式によって算出される。

Ｗｓ＝Ｗ・ｎ

ｎ＝１＋√（1+2×（ＡＥｈ）／Ｗℓ）

ｎ：衝撃荷重と静荷重との比

Ａ：ロープの有効断面積　mm^2

Ｅ：ロープの弾性係数　Ｎ／mm^2

Ｗ：静荷重　Ｎ

ℓ：ロープの垂下長さ　mm

ｈ：落下距離　mm

6 × 37　16mm　A ＝ $100mm^2$　E ＝ 78,500N ／ mm^2　W ＝ 19,600 N　ℓ ＝ 4,000mm の場合、衝撃荷重の大きさを計算すると下表のようになる。

衝撃荷重と静荷重の比

落下距離（ｈ）mm	10	20	40	60	80	100
衝撃荷重と静荷重の比	2.7	3.2	4.0	4.6	5.1	5.6

ワイヤーに衝撃を与える可能性がある作業

① シートパイル、Ｈ鋼、木杭などを引き抜く作業
② 簡易山留めのユニットを引き抜く作業
③ グラブバケット等を落下させて行う掘削作業

（5）熱影響

種々の熱影響をうけるため、100℃を超える高温環境では鋼心入りロープを使用し繊維心入りロープの使用は不可とする。

下表は６×24　Ｇ種　12mm　両端シンブルなし圧縮加工の玉掛索で、100℃での熱影響による強度低下を調査した結果である。

100℃での熱影響による強度低下の例

心鋼の材質	引張試験の条件	強度低下率（%）
合成繊維心	冷却後試験	0.69
	100℃で試験	6.4
天然繊維心	冷却後試験	0.42
	100℃で試験	5.6
（参考） ロープ心（鋼心）	冷却後試験	0
	100℃で試験	0

熱影響を受ける作業

①　バーナー、燃焼物などの熱源に近接して行う玉掛け作業

②　電波などの影響を受けて、ワイヤー自体が発熱する恐れのある作業

（6）フックから蛇口（アイ）が外れる「知恵の輪」現象について

フックに外れ止めが装備されていても、吊り荷を預けてフックを巻き下げた際、玉掛けワイヤーロープが持ち上がり、蛇口がフック先端をかわして外れ止めの上に回り、外れ止めを上から押し下げてフックから蛇口が外れることがある。

Check 1	長尺物を縦吊りする作業が頻繁に	ある	ない
Check 2	吊り荷をクレーンで反転する作業が頻繁に	ある	ない
Check 3	吊り代から吊り角度が広くなる場合が	ある	ない
Check 4	激しく振動する吊り荷（例：バイブロ）が	ある	ない

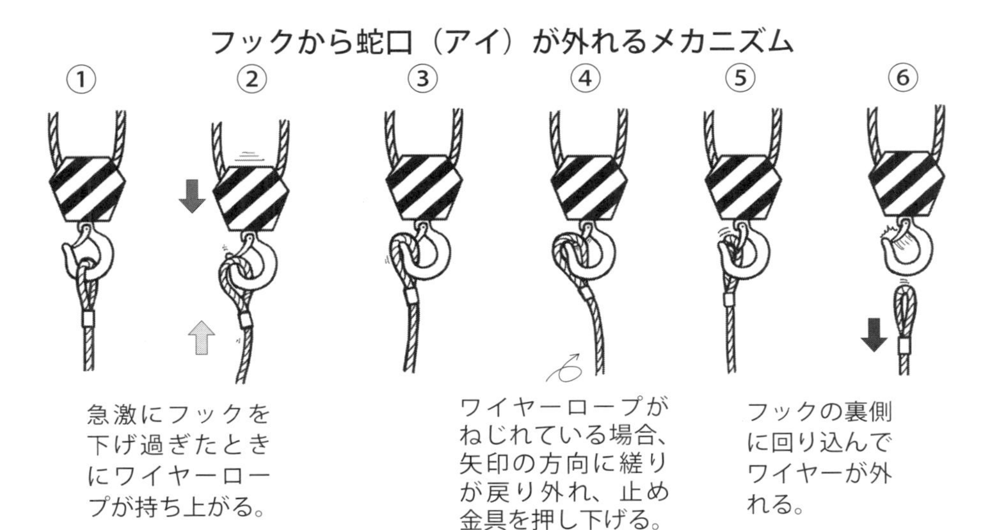

「知恵の輪現象」未然防止型外れ止め装置の例

（例）ロッキングフック

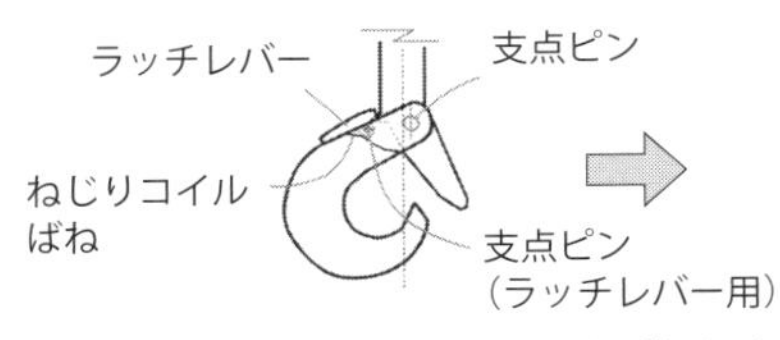

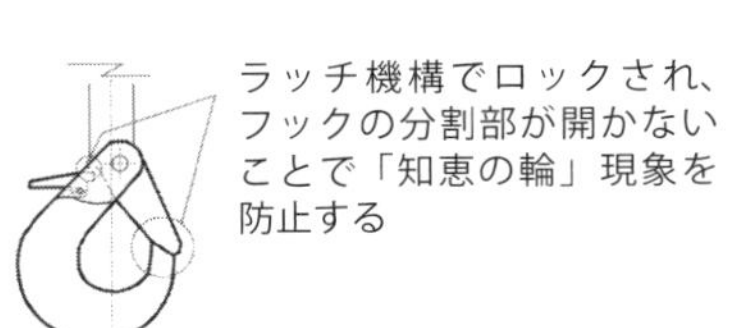

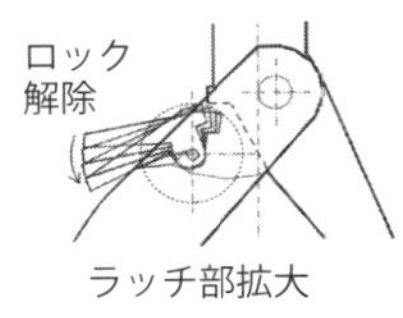

ラッチレバーは、支点ピンに取り付けられた「ねじりコイルばね」によって、フックをロックする方向に押しつけられる。

特徴	• 吊り荷の荷重がかかれば外れ難くなるので、「知恵の輪」現象防止対策としては適切な案である • JIS B 2803:2007「フック」に種類・寸法の規定がある
留意点	» 移動式クレーンの補巻きフック等に使用されている » ラッチレバーの操作を指で行うため、小型のものが主流である

（7）端末の止め方と効率

取付方法	形　状	効率※（%）	備　考
ソケット止め		100	合金または亜鉛鋳込み
クリップ止め		80 ～ 85	止め方が不適当なものは 50%以下 （増し締めが必要）
クサビ止め		60 ～ 70	止め方が不適当なものは 50%以下
アイスプライス		75 ～ 95	直径 15mm より細いロープ…95% 16 ～ 26mm…85% 28 ～ 38mm…80% 直径 39mm 以上のもの…75%
シングルロック		100	鋼心または ロープ心入りに限る
圧縮止め		95	アルミ素管をプレス加工する

※ワイヤーロープ規格破断荷重に対する効率

（8）ワイヤーロープ径・吊り角度別の作業安全荷重表

上段：tonf
下段：kN

径（mm）	切断荷重	6×24 A種（裸）				適合シャックル
		2本吊り			4本吊り	呼び径（tf／KN）
		垂直	30°	60°	30°	
9	4.07	1.3	1.2	1.1	2.4	12（0.9／8.8）
	39.90	13.0	12.0	11.0	24.0	
10	5.03	1.6	1.5	1.3	3.0	12（0.9／8.8）
	49.30	16.0	15.0	13.0	30.0	
12	7.24	2.4	2.3	2.0	4.6	16（1.5／14.7）
	71.00	23.0	22.0	19.0	44.0	
16	12.90	4.2	4.0	3.6	8.0	20（2.5／24.5）
	126.00	42.0	40.0	36.0	80.0	
18	16.30	5.4	5.1	4.6	10.2	22（3.0／29.4）
	160.00	53.0	50.0	45.0	100.0	
20	20.10	6.6	6.3	5.6	12.6	26（4.0／39.2）
	197.00	65.0	62.0	56.0	124.0	
22	24.30	8.0	7.6	6.8	15.2	26（4.2／41.1）
	238.00	79.0	75.0	68.0	150.0	
24	29.00	9.6	9.2	8.2	18.4	30（5.4／52.9）
	284.00	94.0	90.0	81.0	180.0	
28	39.40	13.0	12.5	11.2	25.0	34（7.0／68.6）
	387.00	129.0	124.0	111.0	248.0	
30	45.20	15.0	14.4	12.9	28.8	36（8.0／78.4）
	444.00	148.0	142.0	127.0	284.0	
40	80.40	26.00	25.0	22.4	50.0	48（14.0／137.2）
	789.00	262.0	251.0	225.0	502.0	

2.2　ベルトスリング

（1）等級、形式および幅

（JIS B 8818：2007）

等級		Ⅰ			Ⅱ			Ⅲ			Ⅳ		
形式		両端アイ形	エンドレス形	金具付き	両端アイ形	エンドレス形	金具付き	両端アイ形	エンドレス形	金具付き	両端アイ形	エンドレス形	金具付き
幅(mm)	25	Ⅰ E-25	Ⅰ N-25	Ⅰ K-25	Ⅱ E-25	Ⅱ N-25	Ⅱ K-25	Ⅲ E-25	Ⅲ N-25	Ⅲ K-25	Ⅳ E-25	Ⅳ N-25	Ⅳ K-25
	35	Ⅰ E-35	Ⅰ N-35	Ⅰ K-35	Ⅱ E-35	Ⅱ N-35	Ⅱ K-35	Ⅲ E-35	Ⅲ N-35	Ⅲ K-35	Ⅳ E-35	Ⅳ N-35	Ⅳ K-35
	50	Ⅰ E-50	Ⅰ N-50	Ⅰ K-50	Ⅱ E-50	Ⅱ N-50	Ⅱ K-50	Ⅲ E-50	Ⅲ N-50	Ⅲ K-50	Ⅳ E-50	Ⅳ N-50	Ⅳ K-50
	75	Ⅰ E-75	Ⅰ N-75	Ⅰ K-75	Ⅱ E-75	Ⅱ N-75	Ⅱ K-75	Ⅲ E-75	Ⅲ N-75	Ⅲ K-75	Ⅳ E-75	Ⅳ N-75	Ⅳ K-75
	100	Ⅰ E-100	Ⅰ N-100	Ⅰ K-100	Ⅱ E-100	Ⅱ N-100	Ⅱ K-100	Ⅲ E-100	Ⅲ N-100	Ⅲ K-100	Ⅳ E-100	Ⅳ N-100	Ⅳ K-100
	150	Ⅰ E-150	Ⅰ N-150	Ⅰ K-150	Ⅱ E-150	Ⅱ N-150	Ⅱ K-150	Ⅲ E-150	Ⅲ N-150	Ⅲ K-150	Ⅳ E-150	Ⅳ N-150	Ⅳ K-150
	200	Ⅰ E-200	Ⅰ N-200	Ⅰ K-200	Ⅱ E-200	Ⅱ N-200	Ⅱ K-200	Ⅲ E-200	Ⅲ N-200	Ⅲ K-200	Ⅳ E-200	Ⅳ N-200	Ⅳ K-200
	250	Ⅰ E-250	Ⅰ N-250	Ⅰ K-250	Ⅱ E-250	Ⅱ N-250	Ⅱ K-250	Ⅲ E-250	Ⅲ N-250	Ⅲ K-250	Ⅳ E-250	Ⅳ N-250	Ⅳ K-250
	300	Ⅰ E-300	Ⅰ N-300	Ⅰ K-300	Ⅱ E-300	Ⅱ N-300	Ⅱ K-300	Ⅲ E-300	Ⅲ N-300	Ⅲ K-300	Ⅳ E-300	Ⅳ N-300	Ⅳ K-300

（2）最大使用荷重

（JIS B 8818：2007）
単位：t

形式		両端アイ形および金具付き				エンドレス形			
等級		Ⅰ	Ⅱ	Ⅲ	Ⅳ	Ⅰ	Ⅱ	Ⅲ	Ⅳ
幅(mm)	25	0.5	0.63	0.8	1	1	1.25	1.6	2
	35	0.8	1	1.25	1.6	1.6	2	2.5	3.2
	50	1	1.25	1.6	2	2	2.5	3.2	4
	75	1.6	2	2.5	3.2	3.2	4	5	6.3
	100	2	2.5	3.2	4	4	5	6.3	8
	150	3.2	4	5	6.3	6.3	8	10	12.5
	200	4	5	6.3	8	8	10	12.5	16
	250	5	6.3	8	10	10	12.5	16	20
	300	6.3	8	10	12.5	12.5	16	20	25

（3）吊り方による使用荷重

	ストレート吊り	チョーク吊り				
		1本吊り	2本吊り			
吊り方		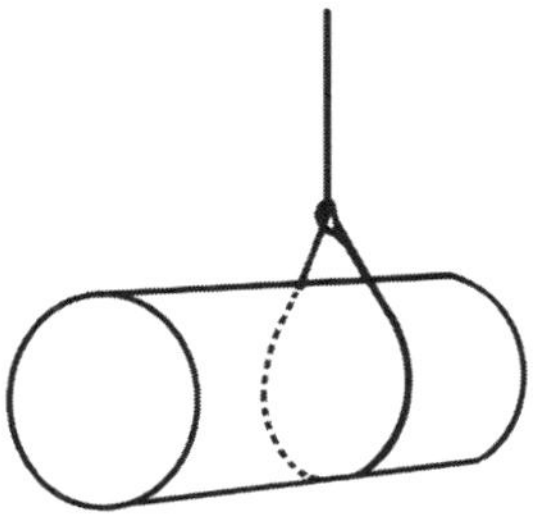	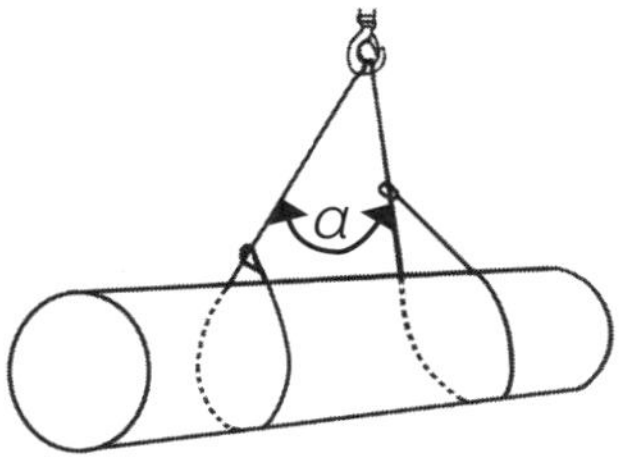			
吊り角度	—	—	$\alpha=0$	$\alpha \leqq 45$	$45 < \alpha \leqq 90$	$90 < \alpha \leqq 120$
モード係数	1.0	0.8	1.6	1.4	1.1	0.8

	バスケット吊り							
	1本吊り				2本吊り			
吊り方	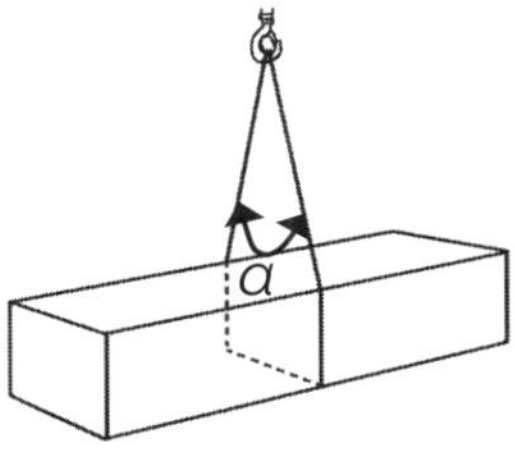				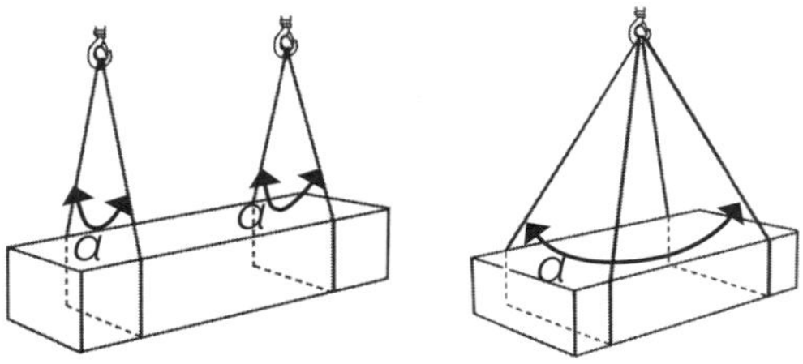			
吊り角度	$\alpha=0$	$\alpha \leqq 45$	$45 < \alpha \leqq 90$	$90 < \alpha \leqq 120$	$\alpha=0$	$\alpha \leqq 45$	$45 < \alpha \leqq 90$	$90 < \alpha \leqq 120$
モード係数	2.0	1.8	1.4	1.0	4.0	3.6	2.8	2.0

※ モード係数…吊り方による使用荷重と最大使用荷重との比

3 玉掛索の点検・廃棄基準

３．１　ワイヤーロープ・圧縮止め

（１）玉掛索購入時の点検

項目	点　検　方　法
ワイヤーロープ	使用ワイヤーロープの規格破断荷重が、吊り荷と吊り方により安全率（係数）が６以上あるか。 構成、径、種別、破断荷重、長さを確認する。
加工	【アイスプライスの場合】 3. 玉掛索の点検・廃棄基準 3.1 ワイヤーロープ・圧縮止め 3.2 ベルトスリング ロープ加工技能士が加工したものであること。 【圧縮止めの場合】 加工業者のマークが入っているか。 スリーブのつぶれや亀裂、われ等がないか。
付属品	指定のフック、シャックル、リング等を備えているか。
外観	ワイヤーロープ、スリーブおよび付属品等に傷や著しいさびがないか。

（２）使用中の点検と廃棄基準

<table>
<tr><th>点検項目</th><th>点検方法</th><th>廃棄基準</th><th>廃棄の実例</th></tr>
<tr>
<td>キンク</td>
<td>プラスキンク（よりの締まる方向のキンク）やマイナスキンク（よりの戻る方向のキンク）の有無を点検する。</td>
<td>局部的によりが詰まったもの、戻ったりしてキンクを発生したもの。
<table>
<tr><th>ロープの状態</th><th>強度低下率</th></tr>
<tr><td>プラスキンク</td><td>20～40%</td></tr>
<tr><td>マイナスキンク</td><td>35～60%</td></tr>
<tr><td>キンクを直したもの</td><td>約 20%</td></tr>
</table>
</td>
<td>マイナスキンク
<table>
<tr><td>構成</td><td colspan="3">6×F i（29）　O／O　20 mm</td></tr>
<tr><td>実測径</td><td>20.5mm</td><td>破断荷重</td><td>125KN</td></tr>
<tr><td></td><td></td><td>残存強度率</td><td>52.7%</td></tr>
</table>
プラスキンク
<table>
<tr><td>構成</td><td colspan="3">6×F i（29）　O／O　20 mm</td></tr>
<tr><td>実測径</td><td>20.45mm</td><td>破断荷重</td><td>145KN</td></tr>
<tr><td></td><td></td><td>残存強度率</td><td>61.2%</td></tr>
</table>
</td>
</tr>
</table>

<table>
<tr><th>点検項目</th><th>点検方法</th><th>廃棄基準</th><th>廃棄の実例</th></tr>
<tr><td>つぶれ・扁平</td><td>局部的に押しつぶされた部分がないか点検する。</td><td>局部的な押しつぶしによる偏平があるもの。ノギスで短径 d min および長径 d max を測定したとき、
d max ／d min ≧ 1.5
となったもの。

【参考】つぶれによる強度低下率
①程度が軽い場合は、ほとんど無い
②上記廃棄基準に達した場合は 20 ～ 40%</td><td>
<table>
<tr><td>構成</td><td colspan="3">6× 24　O ／O　12 mm</td></tr>
<tr><td>短径・長径</td><td>9.9 × 14.9</td><td>破断荷重</td><td>62.3KN</td></tr>
<tr><td></td><td></td><td>残存強度率</td><td>87.7%</td></tr>
</table>
<table>
<tr><td>構成</td><td colspan="3">6× 24　G ／O　12 mm</td></tr>
<tr><td>短径・長径</td><td>8.0 × 15.2</td><td>破断荷重</td><td>52.7KN</td></tr>
<tr><td></td><td></td><td>残存強度率</td><td>80.0%</td></tr>
</table>
</td></tr>
<tr><td>腐食・さび</td><td>表面の腐食の有無を確認する。有れば布地で拭いて取れる薄いさびか、表面に凸凹が生じているかを調査する。内部はスパイキ等でストランドを持ち上げて調査する。</td><td>素線表面にピッチングが発生して、あばた状になったもの。
内部腐食によって素線が緩んだもの。

【参考】腐食（赤さび）による強度低下率
①程度が軽い場合は 10 ～ 20%
②著しい場合は 40％以上</td><td>
<table>
<tr><td>構成</td><td colspan="3">6× 24　O ／O　14 mm</td></tr>
<tr><td>実測径</td><td>14.25mm</td><td>破断荷重</td><td>73.8KN</td></tr>
<tr><td></td><td></td><td>残存強度率</td><td>76.4%</td></tr>
</table>
<table>
<tr><td>構成</td><td colspan="3">IWRC6×Fｉ（29）　O ／O　28 mm</td></tr>
<tr><td>実測径</td><td>28.2mm</td><td>破断荷重</td><td>183KN</td></tr>
<tr><td></td><td></td><td>残存強度率</td><td>34.5%</td></tr>
</table>
</td></tr>
<tr><td>摩耗</td><td>全長、全周にわたり摩耗の状況を点検する。</td><td>素線と素線の隙間がなくなったもの。
摩耗による直径の減少が公称径の７％を超えるもの（安衛則第 501 条）。

例）16 mmの場合
16mm × 0.07 ＝ 1 mm
16mm－1mm＝15mm
∴直径が 15mm 以下のものは廃棄となる。</td><td>
<table>
<tr><td>構成</td><td colspan="3">IWRC6×Fｉ（29）　O ／O　30 mm</td></tr>
<tr><td>実測径</td><td>29.75mm</td><td>破断荷重</td><td>458KN</td></tr>
<tr><td>減少率</td><td>-0.83%</td><td>残存強度率</td><td>75.3%</td></tr>
</table>
<table>
<tr><td>構成</td><td colspan="3">IWRC6×Fｉ（29）　O ／O　30 mm</td></tr>
<tr><td>実測径</td><td>29.53mm</td><td>破断荷重</td><td>369KN</td></tr>
<tr><td>減少率</td><td>-1.6%</td><td>残存強度率</td><td>60.8%</td></tr>
</table>
</td></tr>
</table>

<table>
<tr><th>点検項目</th><th>点検方法</th><th>廃棄基準</th><th>廃棄の実例</th></tr>
<tr><td>断線</td><td>全長、全周にわたり断線の有無を点検する。ある場合は、山切れ谷切れの状況を入念に調査し断線本数を数える。</td><td>【クラウン断線（山切れ）の場合】
最外層素線数×６倍(6ストランド）の10%以上断線しているもの。
<table>
<tr><th rowspan="2">ワイヤーロープ構成</th><th>可視断線数</th></tr>
<tr><th>点検範囲（６ｄ）</th></tr>
<tr><td>６ × 24</td><td>9</td></tr>
<tr><td>６ × 37</td><td>10</td></tr>
<tr><td>ＩＷＲＣ６×Ｆｉ(25)</td><td>5</td></tr>
<tr><td>ＩＷＲＣ６×Ｆｉ(29)</td><td>6</td></tr>
<tr><td>ＩＷＲＣ６×{ＩＷＲＣ６×Ｓ(19)}</td><td>8</td></tr>
<tr><td>７×{ＩＷＲＣ６×ＷＳ(36)}</td><td>12</td></tr>
</table>
例）６ × 24 の場合
最外層素線数15本×６倍（６ストランド）×10%＝９本以上断線しているものは廃棄する。
【ニップ断線（谷切れ）の場合】
１本でもあるもの。</td><td>クラウン断線
<table>
<tr><td>構成</td><td colspan="3">6×37　O／O　24 mm</td></tr>
<tr><td>実測径</td><td>24mm</td><td>破断荷重</td><td>260KN</td></tr>
<tr><td>断線数</td><td>15／1ピッチ</td><td>残存強度率</td><td>85.1%</td></tr>
</table>
ニップ断線
<table>
<tr><td>構成</td><td colspan="3">6×37　O／O　28 mm</td></tr>
<tr><td>実測径</td><td>28.4mm</td><td>破断荷重</td><td>356KN</td></tr>
<tr><td>断線数</td><td>ニップ断線</td><td>残存強度率</td><td>85.6%</td></tr>
</table></td></tr>
<tr><td>うねり</td><td>うねりの有無を調査する。</td><td>著しくうねっているもの。または局部的なうねりの幅（ｄ１）がロープ径（ｄ）の4／3以上になったもの。
d
d1
例）16mm の場合
16×(4／3)＝21.3mm
∴うねり幅が21.3mm以上のものは廃棄となる。</td><td>うねり</td></tr>
</table>

<table>
<tr><th>点検項目</th><th>点検方法</th><th>廃棄基準</th><th>廃棄の実例</th></tr>
<tr><td>ストランドの落込み・浮き</td><td>ストランドの落込みや浮きがないか点検する。</td><td>ストランドの落込み、飛び出し、かご状のものがあるもの。</td><td>ストランドの飛び出し
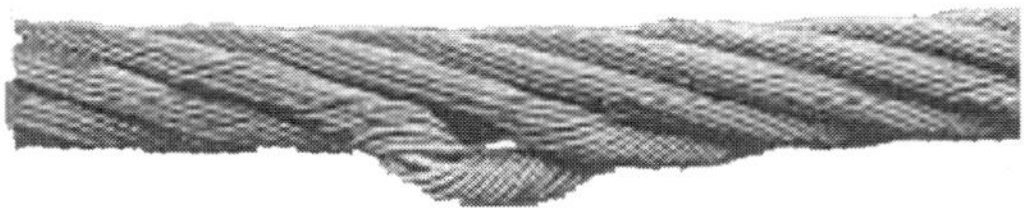</td></tr>
<tr><td>傷</td><td>全長、全周にわたり傷の有無を点検する。</td><td>有害な欠陥が認められるもの。</td><td rowspan="2">傷
</td></tr>
<tr><td>その他</td><td>心鋼のはみ出し、曲がり、素線の飛び出し、変色等の有無を点検する。</td><td>心鋼のはみ出し、曲がり、変色のあるもの。</td></tr>
<tr><td>加工部分形くずれ</td><td>アイ部分にストランドの緩み等の形くずれや偏平、ロープのずれ等がないかを点検する。</td><td>アイ頂点部で、著しく心鋼の飛び出したもの。
アイ頂点部で、著しくつぶれを生じたもの。
アイ部分で、ストランドの緩みがあるもの。</td><td>
<table><tr><td>構成</td><td colspan="3">6× 24　O／O　14 mm</td></tr><tr><td>短径・長径</td><td>10.5 × 21.9</td><td>破断荷重</td><td>84KN</td></tr><tr><td></td><td></td><td>残存強度率</td><td>86.9%</td></tr></table></td></tr>
<tr><td>加工部断線</td><td>ロープを曲げたりしてアイ部分やスリーブ付根部分の断線の有無を点検する。</td><td>加工していない部分の可視断線数に準じる。</td><td>
<table><tr><td>構成</td><td colspan="3">6× 37　O／O　22 mm</td></tr><tr><td>短径・長径</td><td>13.2 × 32.3</td><td>破断荷重</td><td>198KN</td></tr><tr><td></td><td></td><td>残存強度率</td><td>77.2%</td></tr></table></td></tr>
<tr><td>抜け出し</td><td>アイスプライス：ストランドの抜け出しの兆候がないか点検する。
アイ圧縮止め：片端に凹みが生じたり、抜け出しの有無を点検する。抜け出しの点検は目視、マーキング等による。</td><td>差し終り部でストランドの抜け出しがあるもの。
片端に凹み、抜け出しのあるもの。</td><td>ストランドの抜け出し
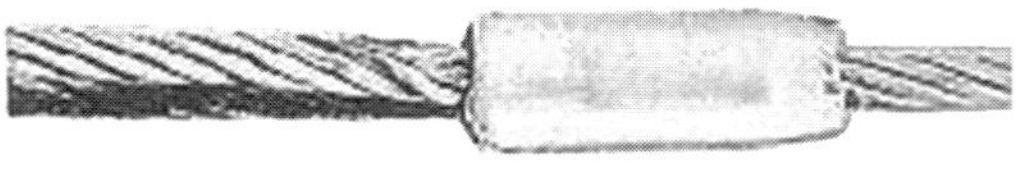</td></tr>
</table>

点検項目	点検方法	廃棄基準	廃棄の実例
クランプ管の変形	クランプ管に変形、つぶれ、き裂および割れ等が発生していないか点検する。	クランプ管に変形、つぶれ、き裂、割れ等があるもの。	 傷 割れ
クランプ管の摩耗	クランプ管の摩耗状況を調査する。	クランプ管が摩耗して、元の径の95%以下になったもの。	
その他	腐食、傷等がないか点検する。	著しい腐食、傷が認められるもの。	
付属金具	変形、傷、き裂、摩耗および腐食等がないか、あればその程度を点検する。	曲がり、ねじれ、ゆがみ、当たり傷、切り欠き傷、き裂が認められるもの。 摩耗量が元の寸法の10%を超えるもの。 全体に腐食、または局部的に著しい腐食があるもの。	

3.2 ベルトスリング

点検項目	点検方法（目視）		廃棄基準
アイ	摩耗	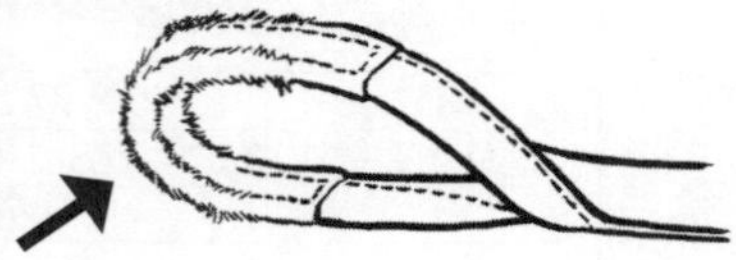	織り目がわからないほど毛羽立ちし、縦糸の損傷が認められるもの。
	キズ	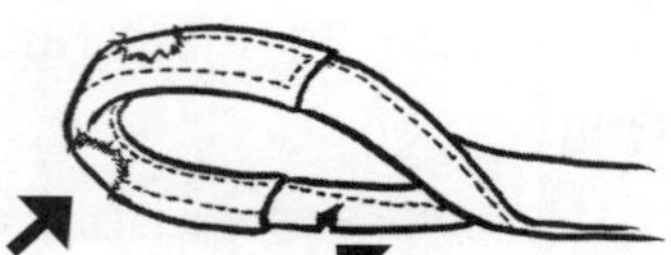	目立った切り傷、すり傷、引っ掛け傷などが認められるもの。
	縫糸	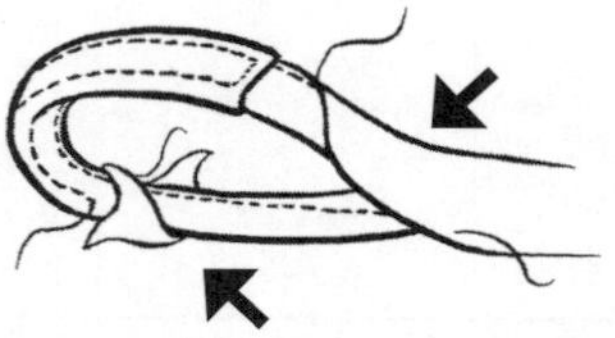	縫糸が切断して、アイの形状が保たれないもの。

点検項目	点検方法（目視）		廃棄基準
縫製部	キズ	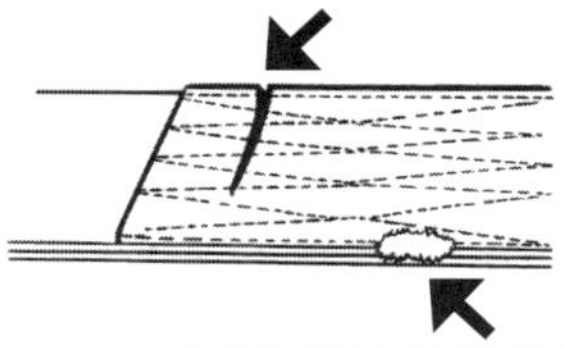	目立つ切り傷、すり傷、引っ掛け傷等が認められるもの。
	縫糸	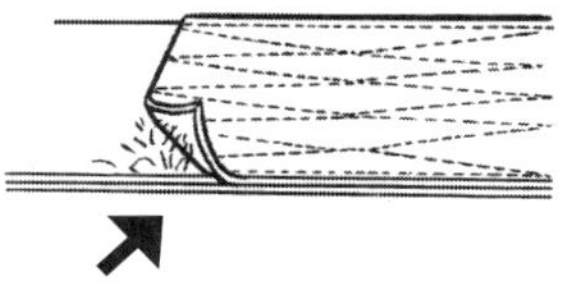	縫糸が切断して、ベルトの剥離が少しでも認められるもの。
本体	摩耗	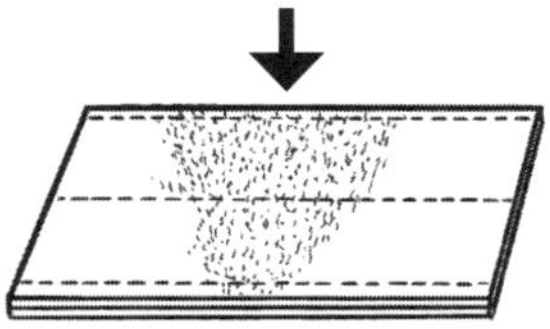	ベルトの全幅にわたって織目がわからないほど毛羽立ちし、たて糸の損傷が認められるもの。
	キズ	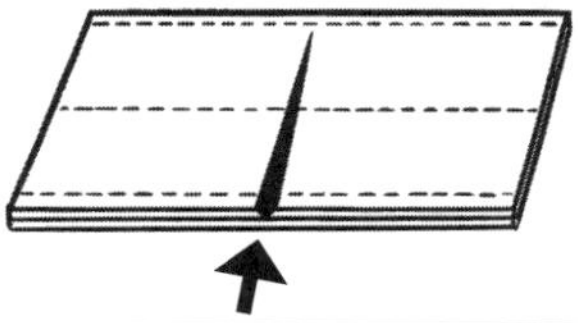	厚さ方向：厚さの5分の1に相当する切り傷、すり傷、引っ掛け傷等が認められるもの。
	キズ	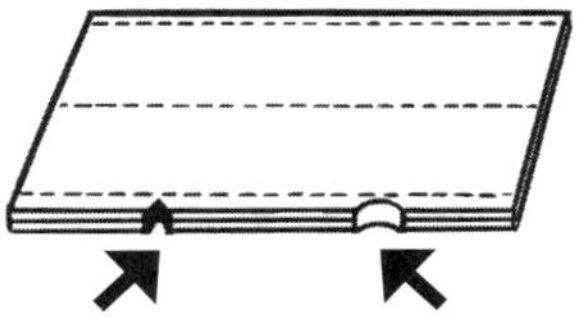	幅方向：幅の10分の1に相当する切り傷、すり傷、引っ掛け傷等が認められるもの。
	縫糸	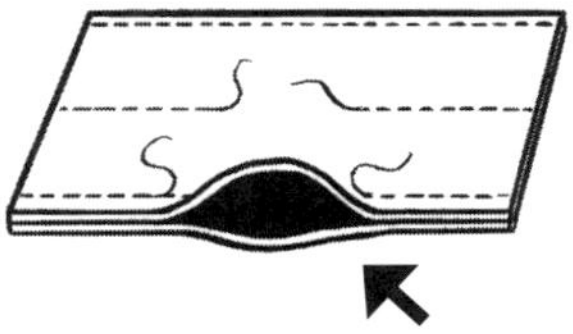	縫糸が切断して、ベルトの幅以上の長さにわたって剥離しているもの。
使用限界表示の露出または消失	摩耗 キズ	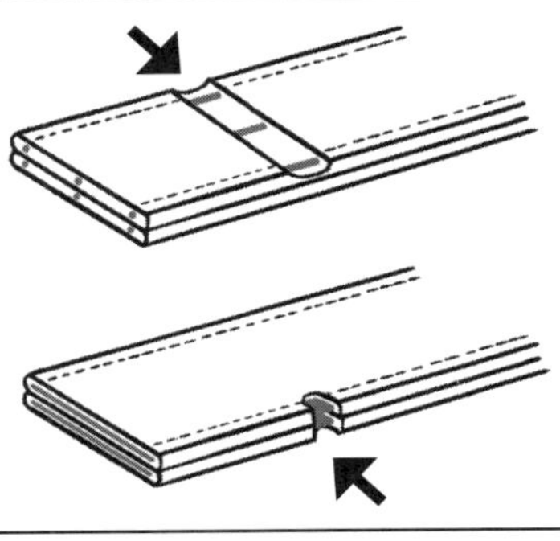	アイ部・縫製部・本体部のいずれかの 部分において、表示が著しく露出または消失したもの。
使用期間	管理台帳、標示などの確認		屋外作業に使用し、使用開始から2年を経過したもの。

4　玉掛索の保管方法

4.1　ワイヤーロープ

（1）使用後の保管

・表面に付着している泥・砂・砂利などをワイヤーブラシ、ウエス等により取り除き、ロープグリースを塗布すること。
・ロープはコンクリートの床や地面に直接置かず、枕木等を敷き、シートをかけて保管するかまたは、保管庫を設置して湿気や雨水のロープ内部への浸透を防ぐこと。

（2）長期間の保管

ロープグリースを塗布したうえ、直射日光や、ボイラー等の熱源を避け、乾燥した倉庫または小屋などの風通しのよい場所に保管すること。

4.2　ベルトスリング

（1）使用後の保管

車の荷台、作業場所等に放置せず、室内、または保管庫に保管し、湿気、酸、アルカリ等の薬品、直射日光の影響を受けないよう配慮すること。

（2）長期間の保管

光劣化を防ぐため、必ずシート等で覆い、またはダンボール等に梱包のうえ、湿気の少ない風通しのよい室内に保管すること。

5　玉掛けについて

5.1　玉掛けの業務

安衛令第20条第16号の「玉掛けの業務」とは、つり具を用いて行う荷かけおよび荷はずしの業務をいい、とりべ、コンクリートバケット等のごとくつり具がそれらの一部となっているものを直接クレーン等のフックにかける業務※①および2人以上の者によって行う玉掛けの業務における補助作業の業務※②は含まないこと。（基発第602号昭47. 9.18）

※①　大型土のう（フレキシブルコンテナーバック）等のように、つり具がそれらの一部になっているものを直接クレーンのフックに掛け・外す作業は玉掛けの業務ではないが、吊荷作業は危険性を伴うので、最低基準を守るだけでなく、安全を確保するためには、玉掛けの資格を持った者が作業をすることが望ましい。また、大型土のうの帯輪につり具（ワイヤーロープ、ベルトスリング、チェーン等）を使用して、クレーンのフックに掛けて吊る場合は、玉掛け作業になるので、資格が必要である。

直接フック掛け

つり具等を使用したフック掛け

※②　玉掛け資格者の補助として、資格者の立会いのもとに作業を手伝う者については資格不要であるが、玉掛け、玉外し作業を別々の場所でそれぞれの者が行う場合は、玉掛け資格が必要である。

５．２　玉掛け者の資格

玉掛け作業に必要な資格

玉掛けの作業内容	有資格者	技能講習	特別教育	根拠条文
つり上げ荷重が１ｔ以上	玉掛け者	○		安衛令第 20 条 クレーン則第 221 条
つり上げ荷重が１ｔ未満			○	安衛則第 36 条第 19 号 クレーン則第 222 条

玉掛け者の資格は、「つり荷の重量」ではなく、「つり上げ荷重」で決まるので、１ｔ未満の荷を揚げてもクレーン等の能力が１ｔ以上であれば、技能講習の資格が必要である。

つり上げ荷重とは、クレーン、移動式クレーンまたはデリックの構造および材料に応じて負荷させることができる最大の荷重をいう。つまり、つり荷を揚げるクレーン等の能力を示したものである。

6 大型土のうの取扱い

6．1　大型土のうの種類

（1）大型土のうの種類と特性

名称	大型土のう（フレコンバッグ）	耐候性大型土のう※1 （ツートンバッグ）
素材	ポリプロピレン	耐候性ポリエステル 耐候性ポリプロピレン 耐候性ポリエチレン　等
定義	粉末や粒状物の荷物を保管・運搬するための袋状の包材	市販の従来型大型土のうと比較して、耐候性を向上させた土木用大型土のう
写真		
特徴	• ワンウェイ（1回限り）の使用※2 • 使用期間は2カ月程度 • 容量 1 m^3 • 土砂（砂質土系）を用いた場合、最大充填質量 10kN／m^3 （参考充填量：0.55 m^3）	• 撤去および転用が可能 • 使用期間は最大3年程度 • 容量 1 m^3 • 土砂（砂質土系）を用いた場合、最大充填質量 20kN／m^3 （参考充填量：1.00 m^3）

※1　耐候性大型土のうとは、一般財団法人土木研究センターにより刊行された「『耐候性大型土のう積層工法』設計・施工マニュアル」の性能基準をすべて満たした製品であり、「性能評価書」（性能評価報告書）が発行されます。

※2　フレコンバッグは、屋外では短期間（2カ月程度）での使用を想定しているため、使用状況や期間により、吊ベルトおよび基布が破断し、撤去できない場合があることを留意する必要がある。また、ポリプロピレン繊維は、4カ月で20%程度まで強度が低下する。

（2）素材の光劣化

一般的な大型土のう（フレコンバック）に使用されている素材はポリプロピレンである。

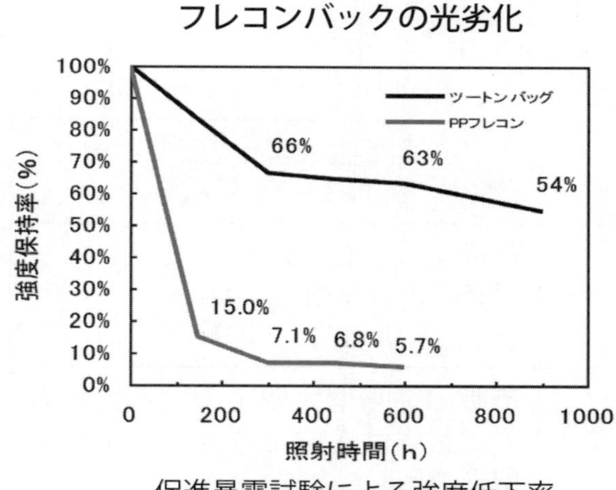

促進暴露試験による強度低下率
300時間は約1年の太陽照射に相当

ポリプロピレンは、屋外に設置された状態を長時間継続すると、10%以下に強度が低下する可能性があり、最大でも2カ月までの設置が限度である。従って、建設現場に使用する大型土のうは、耐候性を高めた大型土のうを使用することが望ましい。

6．2　大型土のう使用上の留意点

（1）内容物は規定の重量を越えないよう注意する。
（2）吊り上げ時は、吊りベルト等を中心に集め、吊り部全体に均等に荷重が掛かるようにする。片吊りはしない。
（3）一度に2袋以上吊り上げない。吊り上げる場合、適切な荷役用具を選定する。
（4）使用前は、直射日光が当らないように屋内で保管する。
（5）充填後、2カ月を超える期間、設置する場合は、天候による劣化を防止するため、シート等による養生を行う。
（6）フレコンバックは、－10℃から＋40℃の間で保管する。
（7）高さ2m以上の作業は、はい作業主任者を選任する。

撤去時に吊りベルトが破断して災害が発生した事例も報告されており、建設現場では耐候性土のうの使用を原則としたうえで、素材の劣化を防止する対策を十分に留意する必要がある。

7　敷鉄板吊りフックについて

7．1　敷鉄板吊りフック使用上の課題

建設現場では、基礎地盤の支持力強化等のため敷鉄板が使用されることが多くなってきている。

敷鉄板の敷設・撤去作業には、開口部が大きく開く構造で、吊り上げ時自動的に閉鎖ロックがかかる機能を持った敷鉄板吊りフックが広く使われている。

これまで、使用荷重を守らなかったり、取扱い方法を間違えたり、点検をおろそかにしたりしたことによる破損事故も発生しており、取扱いには十分注意が必要である。

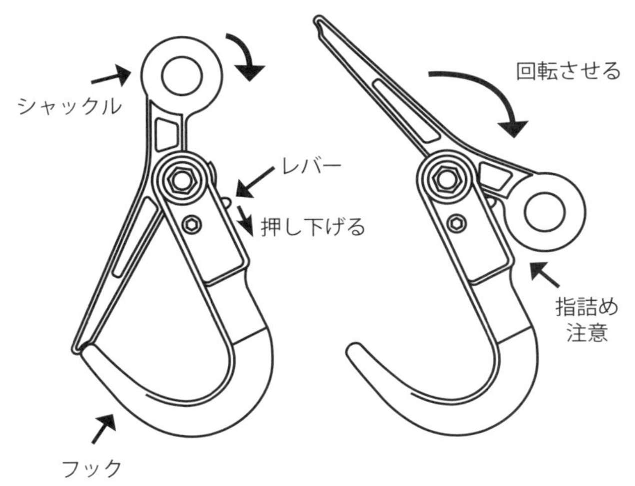

敷鉄板吊りフック

レバー用の支持ボルトが切断したため、シャックルが開放状態となり、フック部より鉄板が外れ作業員が被災した事故報告があった。

原因として、事故が起きる前にレバー用支持ボルトが大きく変形していたため、ロックが完全にできない状況であり、敷鉄板を降ろした時にワイヤーが弛み、敷鉄板がバランスを失いフックの開口部より外れたものと考えられる。日常点検を行っていれば防げる事故だった。

近年はバックホーの機体に油圧で機械的に敷鉄板をキャッチするアタッチメント（商品名 P-MAT：コマツ）やトラクタショベルに取り付ける敷鉄板移動作業用アタッチメントが開発され、一部ではリースも行われている。

7.2　敷鉄板を吊り上げる場合の取扱い方法

※以下は（株）スーパーツール「スーパーロックフック」の取扱い方法を紹介しています。各社製品によって異なりますのでご確認下さい。

（1）敷鉄板の吊り穴が吊り上げ可能な形状寸法になっているか確認する。

・吊り穴位置が敷鉄板の端面より60mmを超える位置にある場合、敷鉄板が動揺した場合にはシャックル部に当り各部が破損する恐れがある。

・吊り穴の径が60mm未満の場合、フックが十分に差し込めないため、先端に偏荷重が掛かり破損する恐れがある。

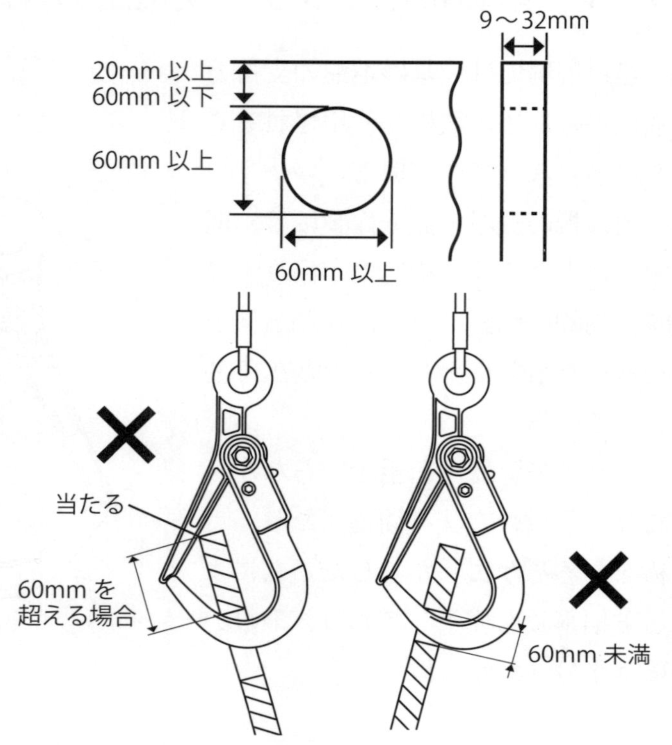

（2）シャックルを開放状態にして、敷鉄板の吊り穴からフック先端を30mm以上差し込む。

・敷鉄板の外側よりフックを差し込むと、シャックル先端が敷鉄板に当たり閉鎖ロックが掛からない恐れがあるので、必ず吊り穴側からフックを差し込む。

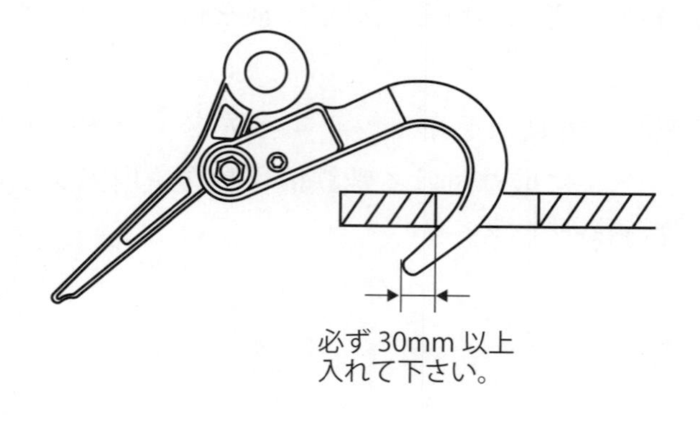

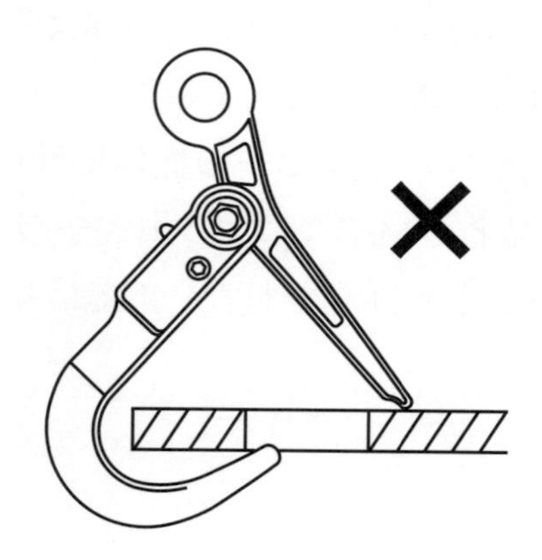

(3) 衝撃を与えないように垂直に吊り上げる。

・吊り上げていくと敷鉄板が回転し、自動的に閉鎖ロックが掛かる。万一敷鉄板がスムーズに回転しない場合は、一旦降ろしてから再度吊り上げる。

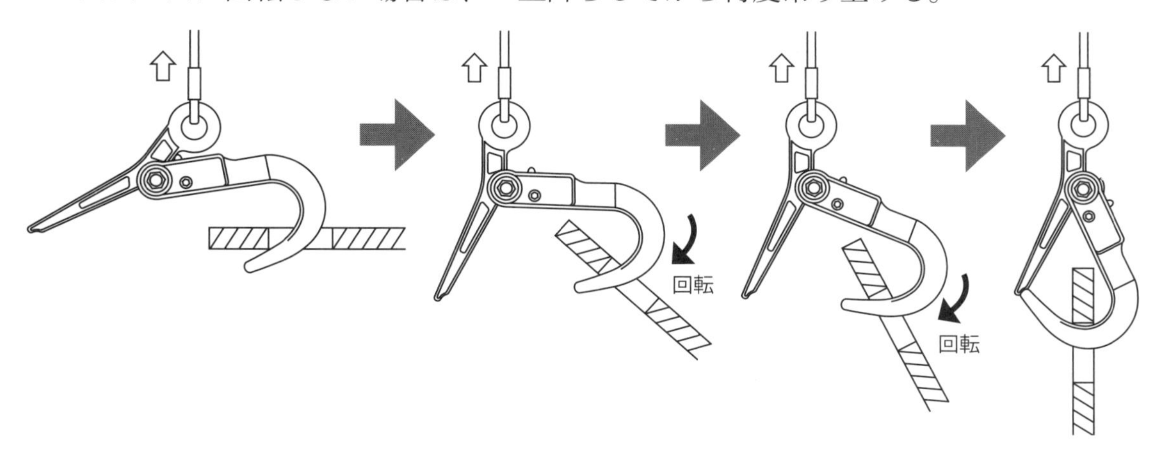

・吊り上げ時は、敷鉄板が思わぬ方向に移動する場合があるので、危険範囲には立ち入らない。

・敷設された敷鉄板を吊り上げる場合には、地面に埋まっている場合や、密着している場合があるので、オーバーロードにならないように注意する。

・吊り上げた後の移動は、敷鉄板を動揺させたり衝撃を与えない。

(4) 敷鉄板を着地させる時は、吊り上げ時と同じ方向に降ろす。

・フックが敷鉄板と一緒に傾いた状態では、偏荷重が掛かり破損する恐れがあるので、再度吊り上げてから降ろす。

・吊り上げ時と逆方向に降ろすと、敷鉄板がフック先端やシャックルに当たり破損する恐れがある。

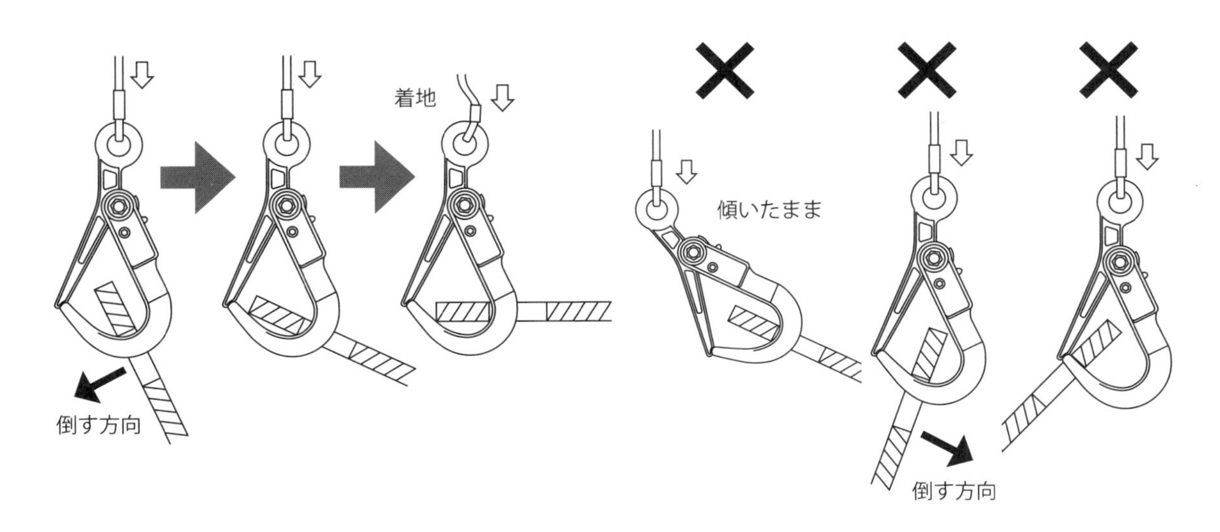

7．3　点検方法

点検基準を下表に示す。使用限界を超えた場合は使用禁止として、速やかに部品交換を行う必要がある。

※品番名および数値は(株)スーパーツール「スーパーロックフック」のものです。各社製品の点検基準をご確認下さい。

<table>
<tr><th>項目</th><th>点検方法</th><th>使用限界</th><th>処置</th></tr>
<tr><td rowspan="4">本体</td><td>●きず・割れがないか（目視またはカラーチェック）</td><td>●目視などで確認された時</td><td rowspan="4">廃却</td></tr>
<tr><td>●ボルト穴の摩耗や変形がないか（測定具）</td><td>●穴径が円周上の１カ所でも下記表中の寸法以上になった時<table><tr><th>最大容量(ton)</th><th>1</th><th>2</th><th>3</th></tr><tr><td>A（mm）</td><td>16.5</td><td>20.5</td><td>20.5</td></tr><tr><td>B（mm）</td><td>8.5</td><td>8.5</td><td>8.5</td></tr></table></td></tr>
<tr><td>●各部に変形がないか（測定具）</td><td>●下記数値以上になった時<table><tr><th>最大容量(ton)</th><th>1</th><th>2</th><th>3</th></tr><tr><td>C（mm）</td><td>128</td><td>153</td><td>156</td></tr></table></td></tr>
<tr><td>●吊り部の摩耗や変形がないか（目視）</td><td>●鋭角な摩耗・変形が発生した時</td></tr>
<tr><td rowspan="3">シャックル（スタンダード型）</td><td>●きず・割れがないか（目視またはカラーチェック）</td><td>●目視などで確認された時</td><td rowspan="3">取替</td></tr>
<tr><td>●穴の摩耗や変形がないか（測定具）</td><td>●穴径が円周上の１カ所でも下記表中の寸法以上になった時<table><tr><th>最大容量(ton)</th><th>1</th><th>2</th><th>3</th></tr><tr><td>A（mm）</td><td>24.5</td><td>32.5</td><td>32.5</td></tr><tr><td>B（mm）</td><td>16.5</td><td>20.5</td><td>20.5</td></tr></table></td></tr>
<tr><td>●湾曲や変形がないか（測定具）</td><td>●右図数値以上になった時</td></tr>
</table>

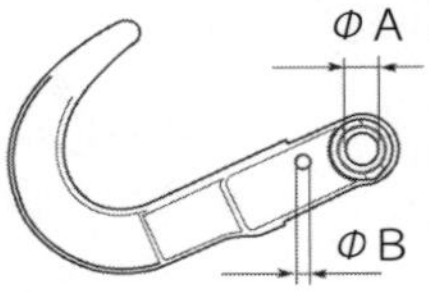

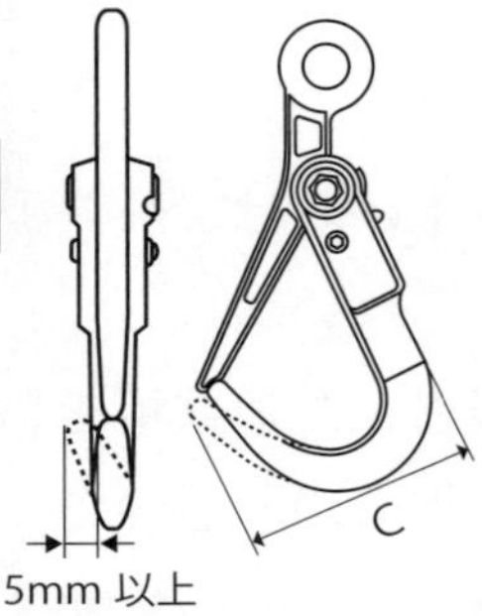

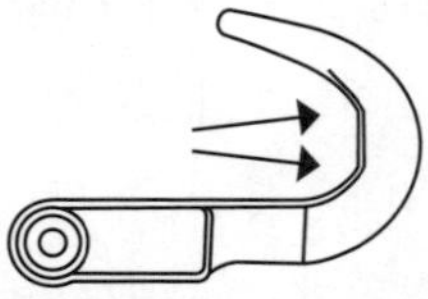

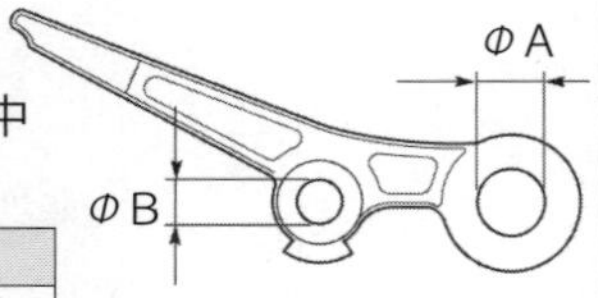

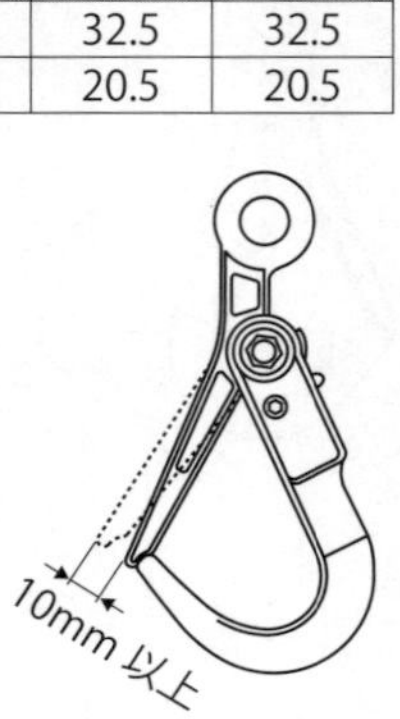

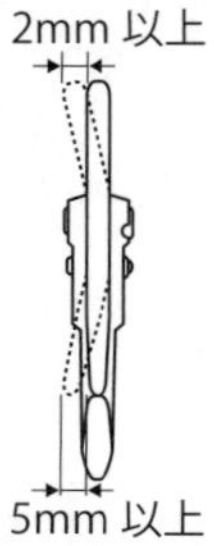

<table>
<tr><th>項目</th><th>点検方法</th><th>使用限界</th><th>処置</th></tr>
<tr><td rowspan="3">シャックル（スイベル型）</td><td>●きず・割れがないか（目視またはカラーチェック）</td><td>●目視などで確認された時</td><td rowspan="3">取替</td></tr>
<tr><td>●穴の摩耗や変形がないか（測定具）</td><td>●穴径が円周上の 1 カ所でも下記表中の寸法以上になった時
<table><tr><td>最大容量（ton）</td><td>2</td><td>3</td></tr><tr><td>A（mm）</td><td>20.5</td><td>20.5</td></tr></table>Φ A</td></tr>
<tr><td>●湾曲や変形がないか（測定具）</td><td>●右記数値以上になった時
2mm 以上
10mm 以上
5mm 以上</td></tr>
<tr><td rowspan="2">スイベル（スイベル型）</td><td>●きず・割れがないか（目視またはカラーチェック）</td><td>●目視などで確認された時</td><td rowspan="2">取替</td></tr>
<tr><td>●各部に摩耗や変形がないか（測定具）</td><td>●右図数値以上になった時
2mm 以上
85 ± 2mm 以上
22.5mm 以上</td></tr>
<tr><td>レバー</td><td>●穴の摩耗や変形がないか（測定具）</td><td>●穴径が 8.5mm 以上になった時
Φ 8.5mm 以上</td><td>取替</td></tr>
<tr><td rowspan="3">支持ボルト類</td><td>●ボルト軸部の摩耗がないか（測定具）</td><td>●軸部直径が円周上の 1 カ所でも下記表中の寸法以下になった時
<table><tr><td>最大容量（ton）</td><td>1</td><td>2</td><td>3</td></tr><tr><td>シャックル支持ボルト（mm）</td><td>15.5</td><td>19.5</td><td>19.5</td></tr><tr><td>レバー支持ボルト（mm）</td><td>7.5</td><td>7.5</td><td>7.5</td></tr></table></td><td rowspan="3">取替</td></tr>
<tr><td>●きず・割れがないか（目視またはカラーチェック）</td><td>●目視などで確認された時</td></tr>
<tr><td>●湾曲や変形がないか（目視または測定具）</td><td>● 0.5mm 以上の湾曲や変形がある時
0.5mm 以上</td></tr>
<tr><td>ばね</td><td>●レバーを押した時、適当な反発力があるか</td><td>●変形その他により正常な反発力がなく、レバーの動きが悪い時</td><td>取替</td></tr>
</table>

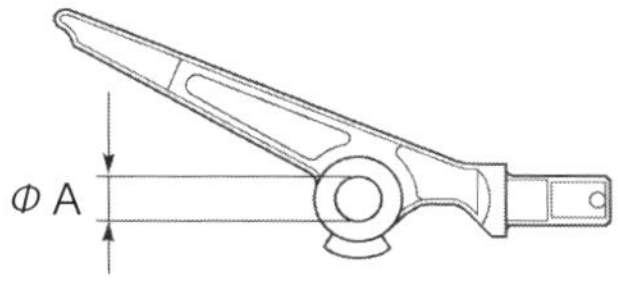

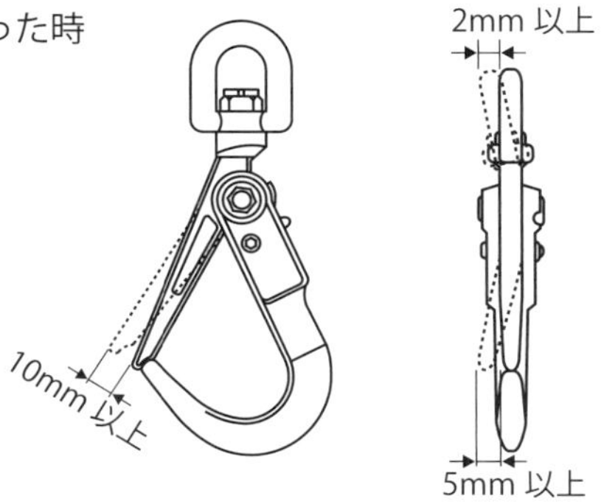

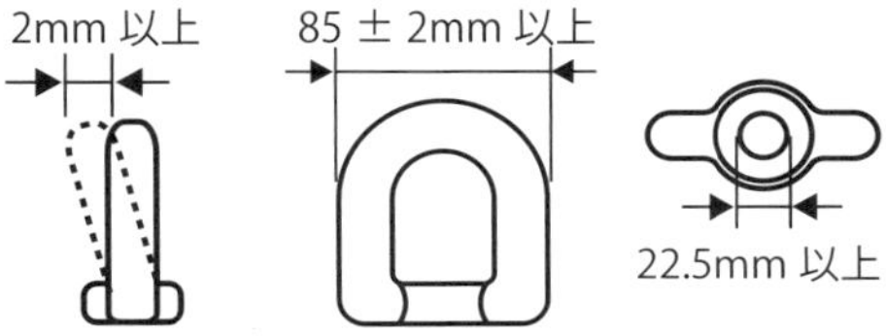

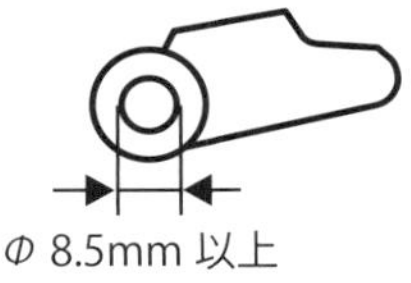

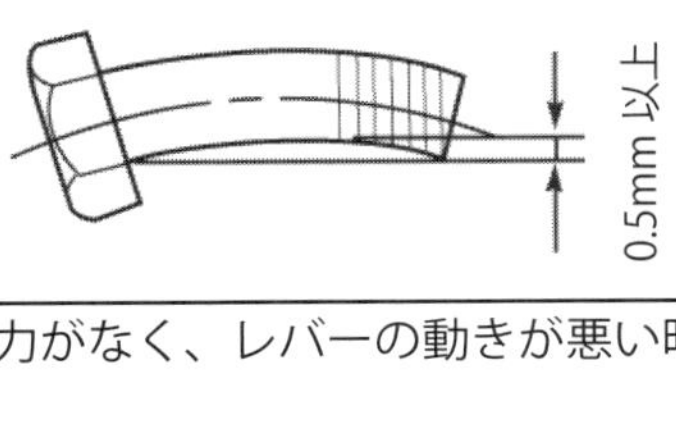

8 クレーン等の物損事故について

事業者は、クレーン、移動式クレーン等が物損事故を起こした場合、事故報告書（様式22号）を遅滞なく所轄労働基準監督署に提出しなければならない（安衛則第96条）。

届け出が必要な物損事故

	クレーン	移動式クレーン
事故の種類	逸走、倒壊、落下、またはジブの折損、ワイヤーロープまたはつりチェーンの切断	転倒、倒壊、またはジブの折損、ワイヤーロープまたはつりチェーンの切断

※つり上げ荷重が0.5 t未満のものは、適用しない（クレーン則第2条第1号）。

様式22号（第96条関係）

事故報告書

事業場の種類	事業場の名称（建設業にあっては工事名併記のこと）	労働者数

事業場の所在地	発生場所
（電話　　　　）	
発生日時	事故を発生した機械等の種類等
年　月　日　時　分	
構内下請事業場の場合は親事業場の名称 建設業の場合は元方事業場の名称	
事故の種類	

	区分		死亡	休業4日以上	休業1～3日	不休	計
人的被害	事故発生事業場の被災労働者数	男					
		女					
	その他の被災者の概数		（　　）				

	区分	名称・規模等	被害金額
物的被害	建物		円
	その他の建設物		円
	機械設備		円
	原材料		円
	製品		円
	その他		円
	合計		円

事故の発生状況	
事故の原因	
事故の防止対策	
参考事項	
報告書作成者職氏名	

年　月　日

事業者 職名
氏名　　　　　　印

労働基準監督署長 殿

（備考）
1 「事故の種類」の欄には、日本標準産業分類の中分類により記入すること。
2 「事故を発生した機械等の種類等」の欄には、事故発生の原因となった次の機械等について、それぞれ次の事項を記入すること。
 (1) ボイラー及び圧力容器に係る事故については、ボイラー、第一種圧力容器、第二種圧力容器、小型ボイラー又は小型圧力容器のうち該当するもの。
 (2) クレーン等に係る事故については、クレーン等の種類、型式及びつり上げ荷重又は積載荷重。
 (3) ゴンドラに係る事故については、ゴンドラの種類、型式及び積載荷重。
3 「事故の種類」の欄には、火災、鎖の切断、ボイラーの破裂、クレーンの逸走、ゴンドラの落下等具体的に記入すること。
4 「その他の被災者の概数」の欄には、届出事業者の事業場の労働者以外の被災者の数を記入し、（ ）内には死亡者数を内数で記入すること。
5 「建物」の欄には構造及び面積、「機械設備」の欄には台数、「原材料」及び「製品」の欄にはその名称及び数量を記入すること。
6 「事故の防止対策」の欄には、事故の発生を防止するために今後実施する対策を記入すること。
7 「参考事項」の欄には、当該事故において参考になる事項を記入すること。
8 この様式に記載しきれない事項については、別紙に記載して添付すること。
9 氏名を記載し、押印することに代えて、署名することができる。

9 災害事例

事例1	玉掛けワイヤーがローリングタワーに引っ掛かり転倒
仮設工事	

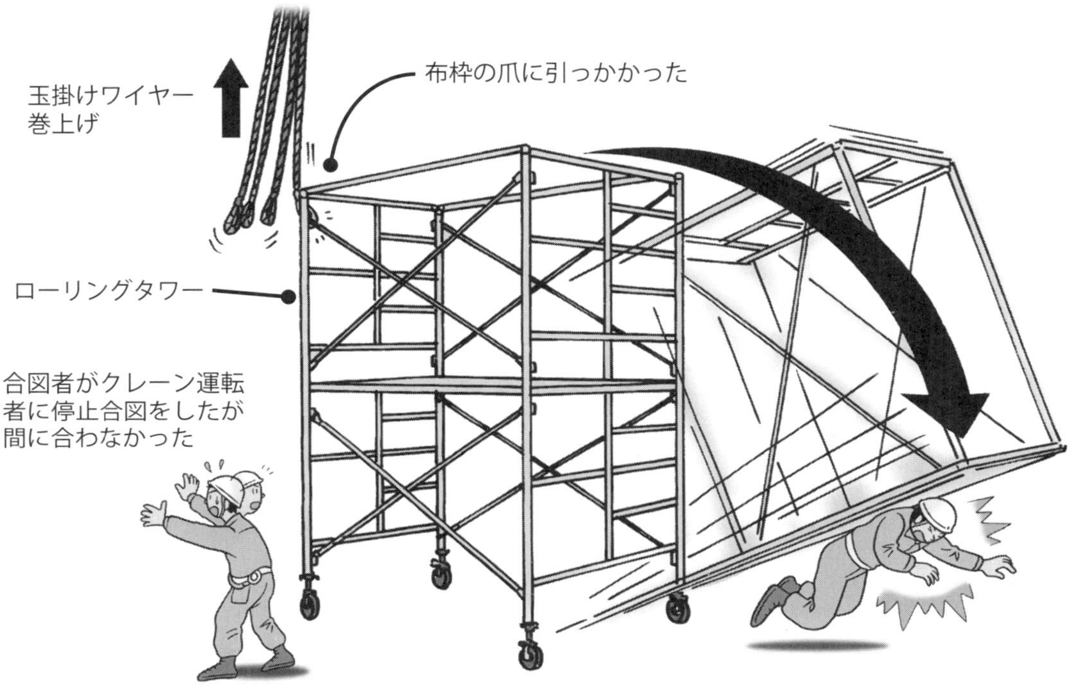

事故の型		崩壊・倒壊
分類	作業の種類	玉掛け作業
	災害の種類	クレーンによる荷揚げ・荷卸し
	起因物	玉掛け用具

職種	年齢	経験年数
鳶工	29	10

傷病名	休業日数	請負次数
ー	死亡	2次

発生状況		ローリングタワー（2段組）を1階から2階へクローラークレーンにて移動する作業中、床に下ろし終わり、吊りワイヤーを外した後、巻き上げ途中でワイヤーがローリングタワーの布枠の爪に引っ掛かったため、直ちにクレーン運転者に停止合図を行ったが、停止が間に合わずローリングタワーが転倒し、被災者に当たり下敷きとなった。
要因	人的	・玉掛けワイヤーから目を離した。 ・玉掛け用具の位置を確認せずに巻き上げさせた。
	物的	・ローリングタワーの布枠の爪にワイヤーが引っ掛かった。
	管理的	・危険を十分予測した作業打合せが行われなかった。
対策		1. 危険区域外に退避をさせた後巻き上げ合図を送る。 2. 共同作業者に合図の周知を徹底する。 3. 荷揚げ移動の手順を作業員に周知徹底する。

事例２ 山留工事	撤去中のＨ鋼がレンフロークランプより外れ落下

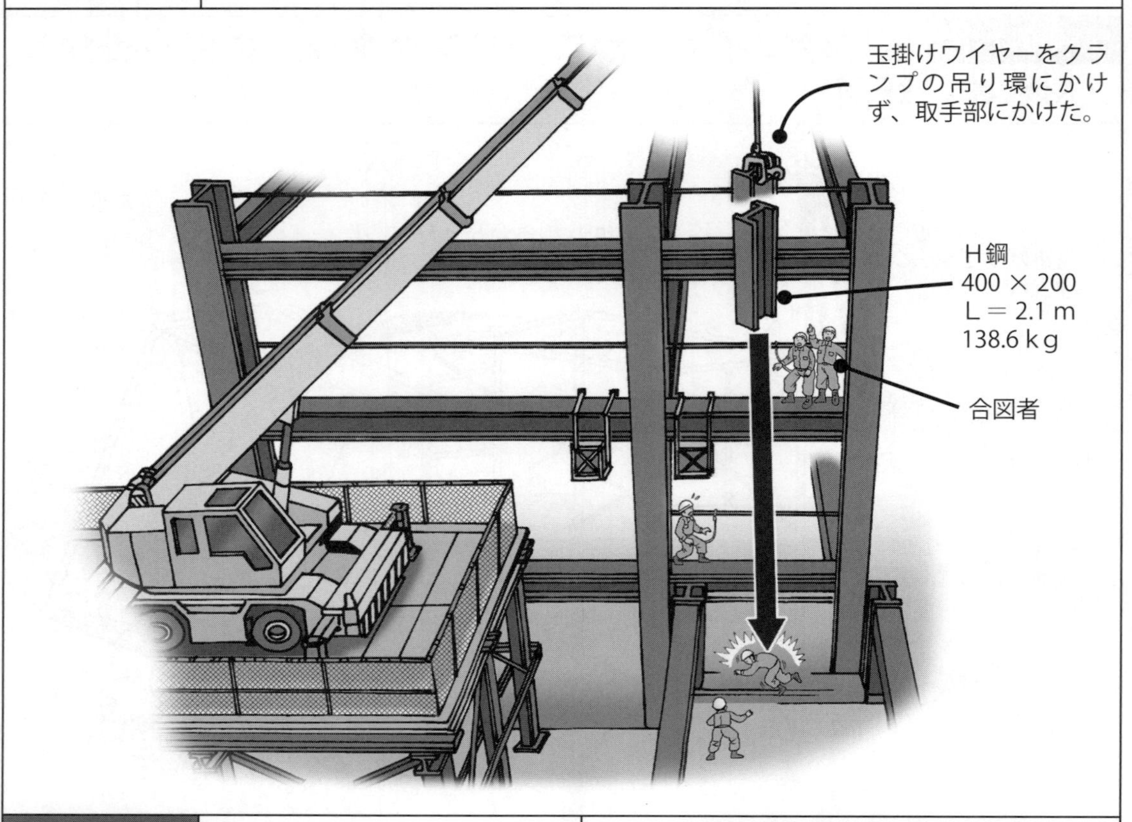

事故の型		飛来・落下
分類	作業の種類	親杭・鋼矢板打抜き
	災害の種類	クレーン等で運搬中の飛来・落下
	起因物	玉掛け用具

職種	年齢	経験年数
土工	59	4
傷病名	**休業日数**	**請負次数**
―	死亡	２次

発生状況		移動式クレーン（吊上げ荷重５ｔ）でワイヤーにレンフロークランプを取り付け、Ｈ鋼撤去作業を行っていた。被災者は荷が上がるのを退避場所で見ていたが、荷が上がりきり旋回したものと思い、次の杭の切断作業に入ろうとして退避場所から移動したところ、クランプからＨ鋼が外れ落下、被災者に激突した。
要因	人的	・無資格者が玉掛け作業を行った。 ・玉掛けワイヤーをクランプの吊り輪に掛けず、取手部に掛けた。
	物的	―
	管理的	・作業指揮者は前日打合せを行ったにもかかわらず、当日来なかった。 ・作業指揮者不在時のＫＹミーティングが不十分だった。
対　策		1. 吊り荷の下への立入り禁止 2. 玉掛け作業は有資格者が行う。 3. レンフロークランプの特性について使用前、十分に教育を行う。 4. 作業指揮者を必ず配置する。代理者も選任しておく。

事例３	鉄骨梁解体中、玉掛けワイヤーが切断し高所作業車の上に落下
解体工事	

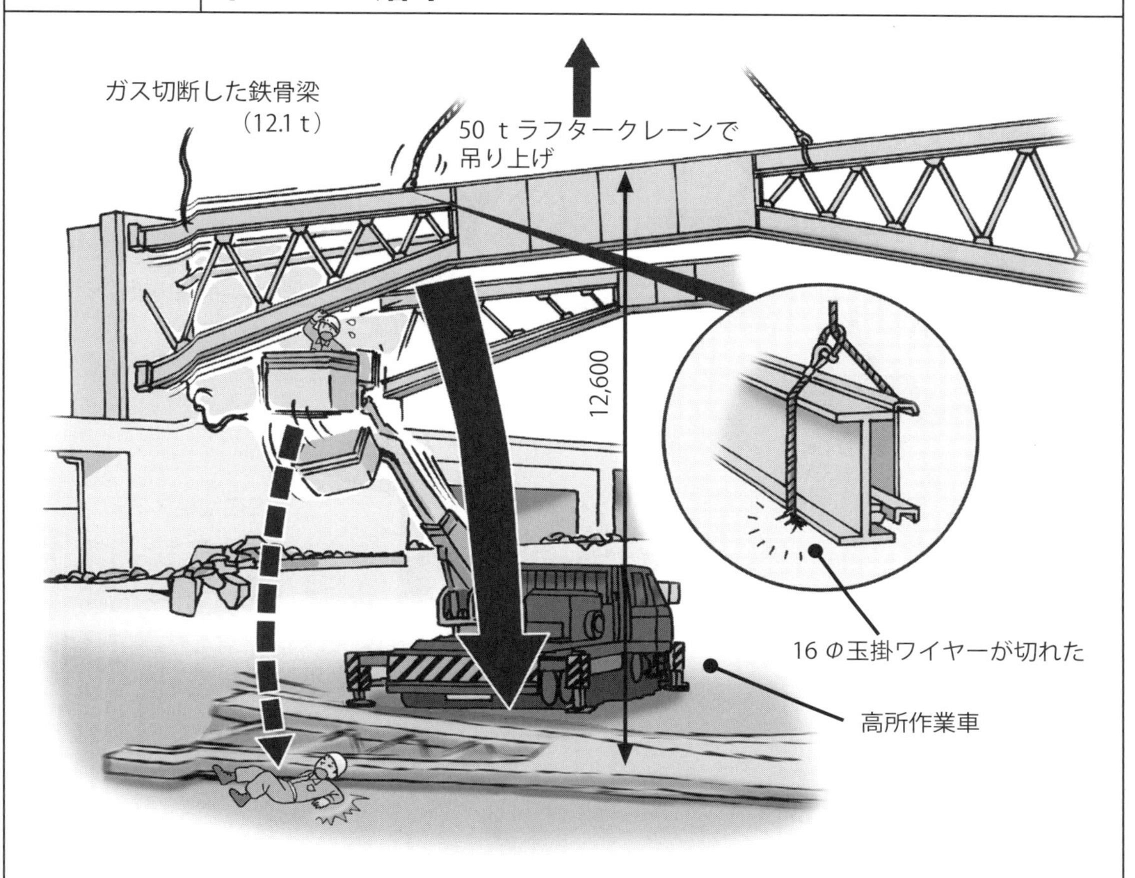

事故の型		飛来・落下
分類	作業の種類	地上構造物の解体
	災害の種類	クレーン等で運搬中の飛来・落下
	起因物	玉掛け用具

職種	年齢	経験年数
鉄骨鳶	51	1

傷病名	休業日数	請負次数
－	死亡	３次

発生状況		体育館屋根の鉄骨梁解体のため、鉄骨梁をラフタークレーンを用い、16 φの玉掛けワイヤーにて２点吊りし、片方の作業員が梁上に乗り、もう一方は被災者が高所作業車上からガス切断作業を行った。ガス切断が終わった直後、玉掛けワイヤーが鉄骨のフランジ角部で切れ、鉄骨梁が傾きながら高所作業車の上に落下し、被災者に激突した。
要因	人的	重量物の玉掛け作業に角あて（ヤワラ）を使用しなかった。
	物的	吊り上げ荷重に対してワイヤーの径が細かった。
	管理的	作業手順書の内容が不十分であった。
対　策		1. 専門工事会社に対する玉掛け作業を再教育する。 2. 玉掛けワイヤーの安全率６以上の作業計画とする。

事例４ 鉄筋工事	鉄筋をクレーンで吊り上げ移動中、吊り治具が破損し鉄筋が落下

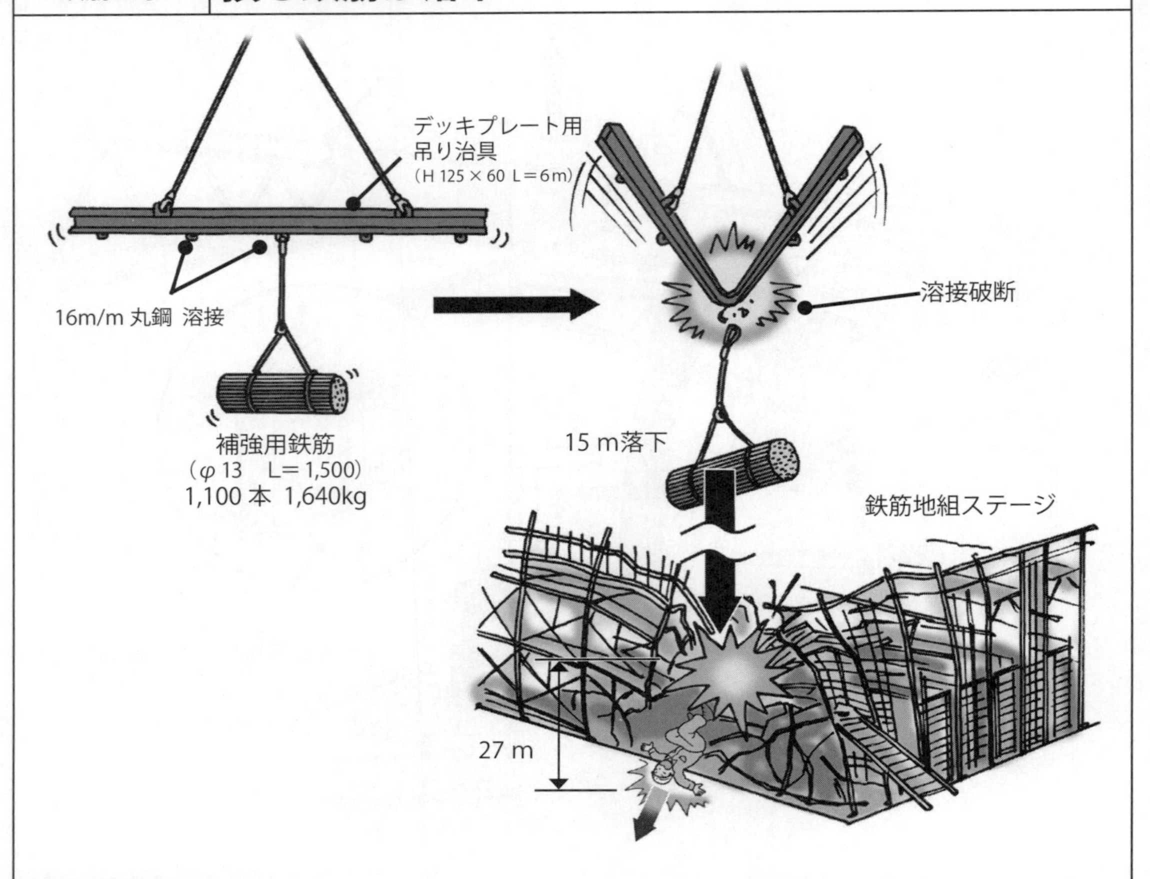

事故の型		飛来・落下
分類	作業の種類	鉄筋組立て
	災害の種類	クレーン等で運搬中の飛来・落下
	起因物	玉掛け用具

職種	年齢	経験年数
鉄筋工	19	0

傷病名	休業日数	請負次数
－	死亡	1次

発生状況		クローラークレーンで鉄筋（D 13 1.6 t）を地上より４階スラブへ揚重旋回中、吊り治具が破損し、吊り荷の鉄筋が地組ヤードで被災者が鉄筋を組み立てていた足場上に落下した。吊り治具は床のデッキプレートを吊るためのものであった。
要因	人的	・玉掛け者の判断で吊り治具を用途外使用した。
	物的	・吊り治具の強度が不足していた。
	管理的	・職長が不在で、適切な指示が行われなかった。
対策		1. 玉掛け作業の再教育を行う。 2. 職長不在時の代理者を定め、作業の方法を確実に伝達する。

事例５	地中連続壁のケーシング解体中、玉掛けワイヤーが外れケーシングが激突
杭打工事	

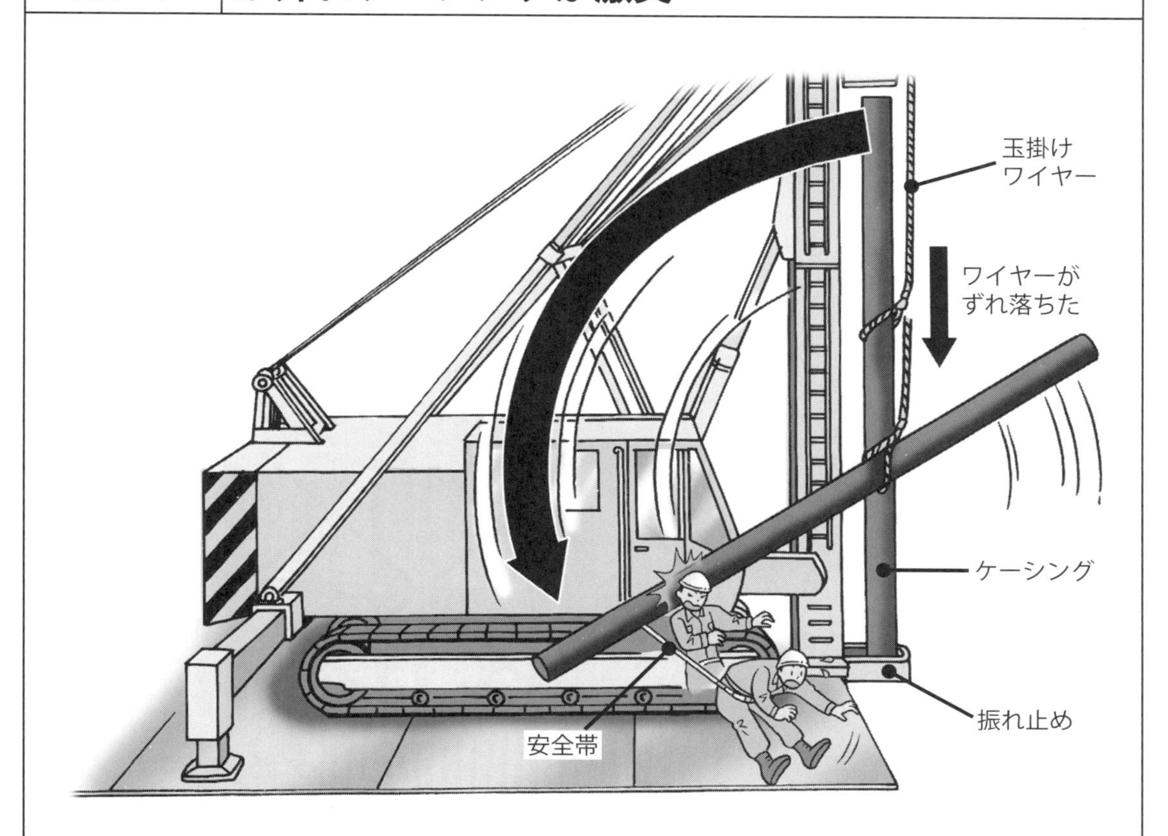

事故の型		激突
分類	作業の種類	ケーシングの打抜き
	災害の種類	杭打ち等基礎工事機械
	起因物	ケーシング

職種	年齢	経験年数
杭打工	19	1

傷病名	休業日数	請負次数
―	死亡	３次

発生状況		連続壁（ＳＭＷ工法）作業を完了し、次工程のＨ鋼横矢板設置作業の準備作業を行うため、撹拌ヘッド及びケーシングをはずす作業を行っていたところ、ケーシング上部を固定していた玉掛ワイヤーが外れ、天秤状態となって被災者が取り付けていた安全帯ロープの上に落下し、被災者後頭部にケーシングが激突した。
要因	人的	・必要のない安全帯を取付けていた。 ・玉掛ワイヤーを緩める操作を行った。
	物的	―
	管理的	・作業指揮者は前日打合せを行ったにもかかわらず、当日来なかった。 ・作業指揮者不在時のＫＹミーティングが不十分だった。
対　策		1. 安全帯の適切な使用方法の指導 2. 適切な玉掛作業方法の選定 3. 予測される危険に対して対策を明確にした作業手順書の作成

事例6	クレーンで吊った鉄筋束が玉掛けワイヤーの切断で落下
鉄筋工事	

事故の型		飛来・落下
分類	作業の種類	鉄筋組立て
	災害の種類	クレーン等で運搬中の飛来・落下
	起因物	玉掛け用具

職種	年齢	経験年数
鉄筋工	56	10

傷病名	休業日数	請負次数
—	死亡	2次

発生状況		地下2階柱筋の地組用鉄筋 5.1 tを玉掛けし、定置式クレーンで地下1階から下ろす作業を行っていたところ、玉掛けワイヤー（12mm L＝4.0 m 2点吊り）が切断し、枠組み足場上に落下し、被災者が足場に挟まれた。
要因	人的	吊り荷にあった玉掛けワイヤーを使用しなかった。
	物的	玉掛けワイヤーの強度が不足していた。
	管理的	有資格者の作業であったが、作業の基本が守られていなかった。
対　策		1. 玉掛け作業者の再教育 2. 実作業にあった作業手順書の作成

事例7	ベルトスリングが切断し荷が落下
運送業	

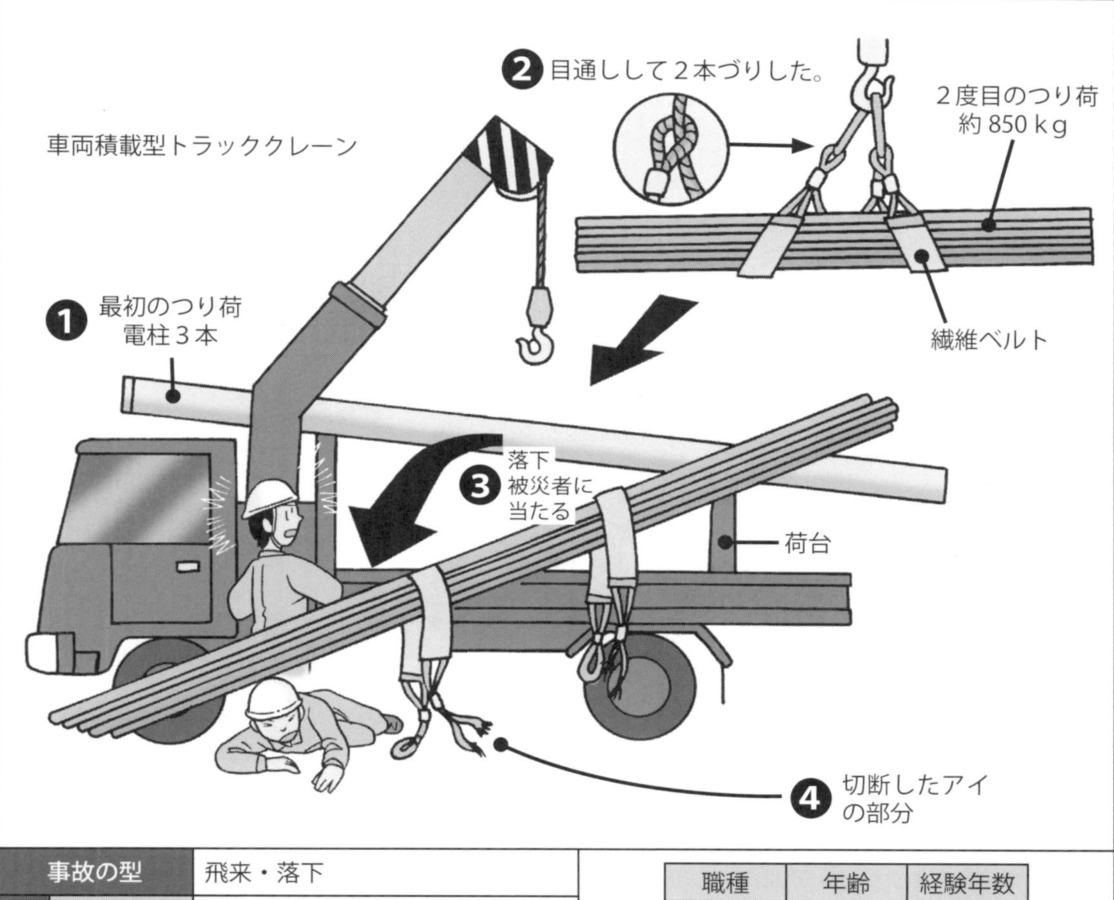

事故の型		飛来・落下	
分類	作業の種類	貨物の荷役・運搬	
	災害の種類	クレーンによる荷揚げ・荷卸し	
	起因物	ベルトスリング	

職種	年齢	経験年数
運転手	ー	ー

傷病名	休業日数	請負次数
ー	死亡	ー

発生状況		被災者が車両積載型トラッククレーンによる電柱の積込み作業（径 20 cm、長さ8m、重量 77 kg、11 本計約 850 kg）を行っていたところ、両端アイベルトスリングのフック側が突然切断し、吊り荷の電柱が落下して被災者に激突した。
要因	人的	吊り荷の下で作業した。
	物的	ベルトスリングが痛んでいた。
	管理的	ベルトスリングの保管方法、作業前点検が不十分だった。
対　策		1. ベルトスリングの作業前点検を実施する。 2. 吊り荷の下に入らないよう、リモコンでのクレーン操作を行う。

事例8	リモコンクレーンを操作中、チェーンが切れて吊り荷の下敷きになった
住宅工事	

事故の型		飛来・落下
分類	作業の種類	運搬機械作業
	災害の種類	クレーンで操作中の飛来・落下
	起因物	玉掛け用具

職種	年齢	経験年数
機械運転工	53	5

傷病名	休業日数	請負次数
ー	死亡	1次

発生状況		被災者はユニック車（2.9 t吊り、6.75 tトラック）に型枠材を積み、現場内で待機していた。 （以後、現認者がなく推定） コンクリート打設後、ポンプ車と入れ替わってユニック車を設置、リモコンを使用して一人で型枠材を降ろしている最中、玉掛けに使用していた足場チェーンが切れ、型枠材の下敷きになり被災したものと思われる。
要因	人的	危険個所への立入り　・吊り荷の下へ入った。
	物的	機械・器具の材料の欠陥　・玉掛けワイヤーロープではなく足場チェーンを使用した。
	管理的	作業・安全計画・作業手順の不完全・未作成 ・作業手順を遵守させなかった。 ・単独行動をさせた。
対策		1. 吊り荷の下には絶対に立ち入らない。 2. 適正な玉掛け用具を使用するとともに作業前点検を実施する。 3. 作業手順を遵守するとともに、単独行動は禁止する。 4. 運搬作業でもＫＹ活動を実施する。

事例９	荷揚げ作業中、シャックルのピンが外れ、吊り荷が落下し被災
増築工事	

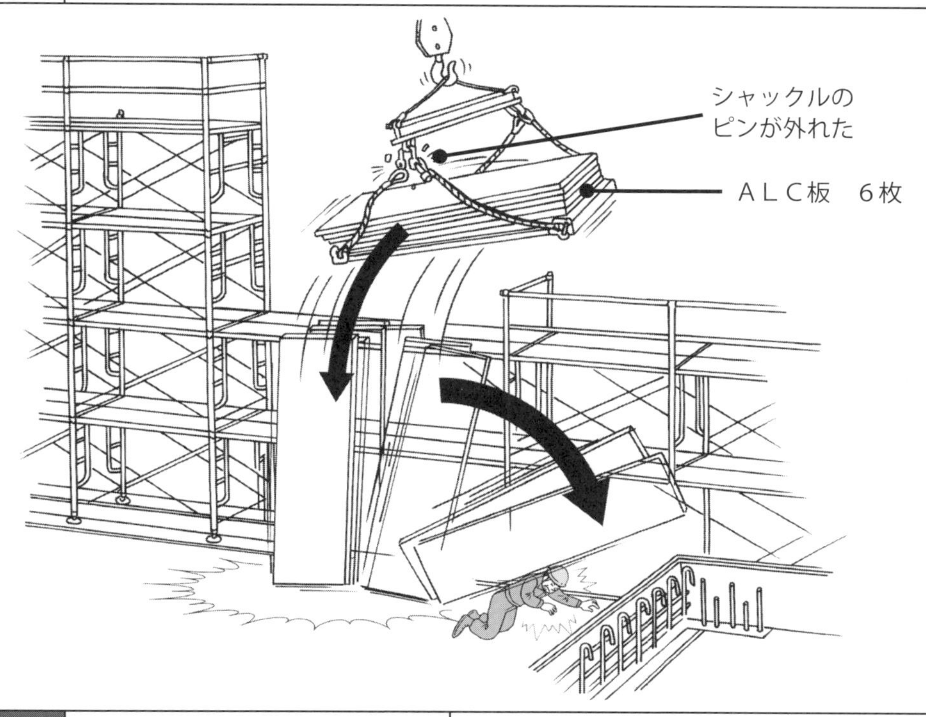

事故の型		飛来・落下	
分類	作業の種類	荷揚げ作業	
	災害の種類	荷揚げ作業での吊り荷の落下	
	起因物	移動式クレーン	

職種	年齢	経験年数
土工	69	8

傷病名	休業日数	請負次数
ー	死亡	１次

発生状況		工場の増築工事において、移動式クレーン（10 t）にてＡＬＣ板を２階床に吊り上げる作業をしていた。 ＡＬＣ板用の吊り金具と吊りワイヤーを留めていたシャックルピンの片側が外れ、ＡＬＣ板６枚が荷崩れして地上に落下した。 そのうちの２枚のＡＬＣ板が、型枠組立用のパイプを手渡しするためにその付近にいた被災者のほうに倒れ、ＡＬＣ板と型枠との間に挟まれた。
要因	人的	・ワイヤーの吊り角度が広すぎた。　・危険区域内に入った。
	物的	機械・器具の材料の欠陥　・劣化・摩耗したシャックルを使用した。 防止設備の欠陥・未設置　・立入り禁止措置が不備であった。
	管理的	機械・器具の点検不足　・シャックルの点検・確認が不足していた。 安全施設・安全標識の点検不足　・立入り禁止の措置がなされてなかった。
対　策		1. 安全な吊りワイヤーの角度内で作業する。 2. 同僚や周りの者が注意を喚起する。 3. 入念にシャックルの点検を実施する。 4. 明確に立入り禁止措置をする。 5. シャックル状況を確認する。 6. 立入り禁止措置の教育を行い、必ず確認する。

事例 10	噛み具合が不十分な玉掛け用クランプから吊り荷が落下し、玉掛け者が下敷きになった
工場工事	

事故の型		飛来・落下
分類	作業の種類	鉄骨組立作業
	災害の種類	吊り荷の落下
	起因物	玉掛け用具

職種	年齢	経験年数
鳶工	28	5

傷病名	休業日数	請負次数
―	死亡	3 次

発生状況		地組を行った屋根小梁と母屋材を屋根に取り付けるため、被災者と同僚の２名で玉掛け用クランプにて玉掛け（２点吊り）を行い、クローラクレーンで約 10 m吊り上げた後、１mほど旋回した際に玉掛け用クランプが外れて吊り荷の鉄骨が落下し、吊り荷下部が移動中の被災者に当たった。
要因	人的	危険個所への立入り ・玉掛け合図者が吊り荷の直下に立ち入った。
	物的	機械・器具の形状・構造の欠陥 ・玉掛け用クランプが外れた。
	管理的	作業・安全計画・作業手順の不完全・未作成 ・吊り治具の選定を誤った（作業計画に玉掛け方法が示されず作業班ごとに玉掛け方法が異なっていた）。
対　策		1. 吊り荷の直下には絶対に“入らない”“入らせない”ことを全員に再度徹底させる。 2. 玉掛け用クランプの鉄骨建方への使用を禁止する。 3. 揚重部材に見合う玉掛け方法を選定し、玉掛け者全員に周知する。

事例 11 工場工事	揚重旋回中の角パイプが落下

事故の型		飛来・落下
分類	作業の種類	型枠組立作業
分類	災害の種類	パイプ落下
分類	起因物	移動式クレーン

職種	年齢	経験年数
型枠大工	56	34

傷病名	休業日数	請負次数
ー	死亡	2次

発生状況		型枠大工が作業所資材仮置場で基礎解体型枠材を整理するため、移動式クレーンで４m角パイプ 91 本を吊り上げ水平移動しようとしたところ、玉掛けワイヤーが絞れていなかったため、旋回中に角パイプが天秤状態になり、玉掛けワイヤーから抜けて、高さ２mから落下し、荷受けのために移動していた被災者に激突した。
要因	人的	作業手順違反・間違い ・玉掛けワイヤーを絞っていなかった
要因	物的	ー
要因	管理的	新規入場者教育・作業方法教育不足 ・玉掛け入場者の教育不足
対策		1. 確実な玉掛け作業の実施徹底 2. 玉掛け資格者の再教育

事例 12	河川内の大型土のうを撤去中、大型土のうの吊り帯が破断し落下
河川工事	

事故の型		飛来・落下
分類	作業の種類	大型土のうの撤去
	災害の種類	クレーン等で運搬中の飛来・落下
	起因物	大型土のう

職種	年齢	経験年数
土工２名	49、54	20、11

傷病名	休業日数	請負次数
頚椎骨折、鼻骨骨折 他	１年１カ月、１日	２次

発生状況		河川内に敷設してある大型土のうを撤去する作業において、25 t 吊りラフタークレーンで大型土のうを地上へ吊り上げる作業行っていた際、大型土のうの吊り帯が破断し、大型土のうが落下した。河川内にいた被災者ＡとＢは、吊り荷の直下からは退避していたが、落下した大型土のうが下にあった他の大型土のうの隅に当たり、横方向に跳ね被災者ＡとＢの二人と接触し被災した。
要因	人的	・吊り荷直下からの退避が近かった。 ・吊り荷から目を離した。
	物的	・土のうの劣化が始まり、強度が低下した。 ・吊り荷が均等に玉掛けされていなかった。
	管理的	・吊り方の具体的な方法が明確でなかった。
対　策		1. 退避距離は開口部＋３m とする。 2. 河床面に開口範囲をトラロープで明示する 3. 破損、劣化している土のうは、河床で破いて、ＢＨ等で掘削、積込みする。 4. 土のうを吊り上げる場合は、ワイヤーモッコを使用する。

事例 13	型枠をクレーンで引き上げ中、介錯ロープが鉄筋に引っかかり鉄筋が落下
河川工事	

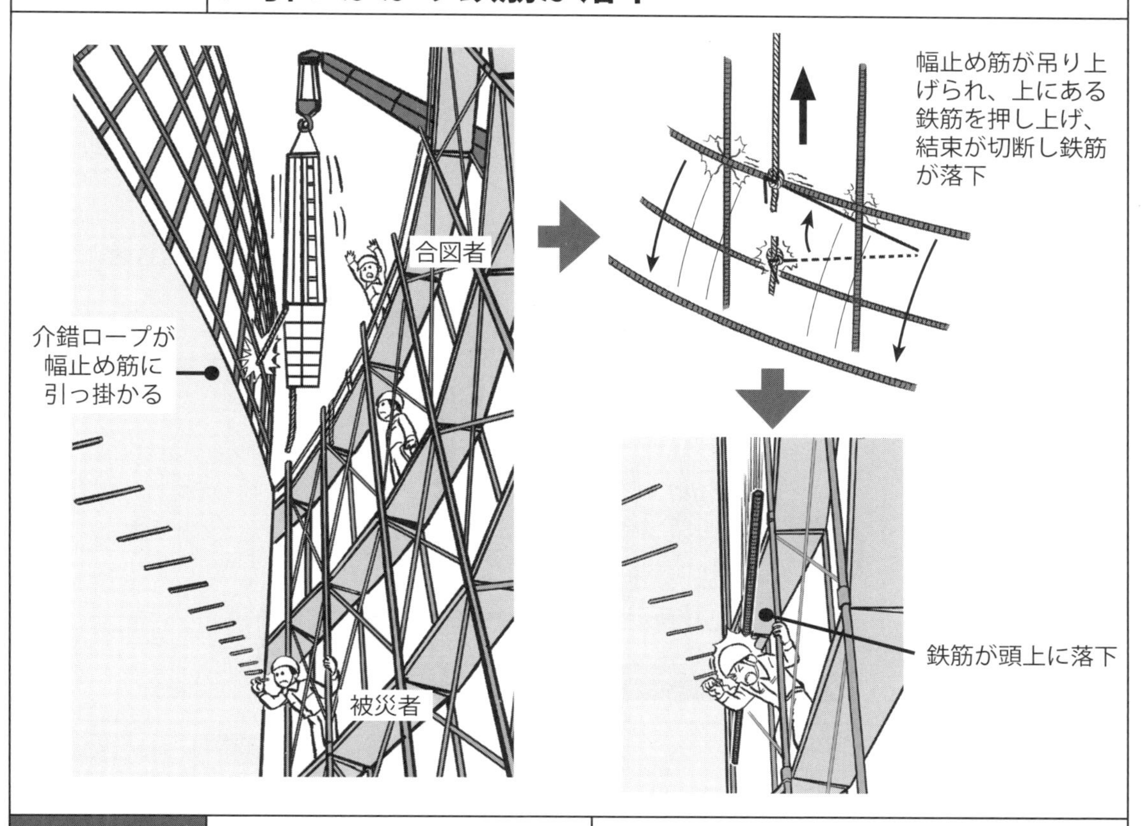

事故の型		飛来・落下
分類	作業の種類	型枠解体作業
	災害の種類	クレーン等で運搬中の飛来・落下
	起因物	介錯ロープ

職種	年齢	経験年数
鳶工	47	20

傷病名	休業日数	請負次数
脳挫傷等	11 カ月	1 次

発生状況		大型型枠引き上げ中、型枠が通過し、避難解除の合図により下部でフォームタイ取外し作業を開始したところ、介錯ロープが幅止め筋にからまり、鉄筋の結束が破断し作業を開始した被災者の頭上に落下した。
要因	人的	・合図者：介錯ロープが上がるまで確認していなかった。 ・作業者：上部を確認せずに合図のみで作業を開始した。
	物的	・介錯ロープの端部に滑り止め防止の結び目をつくっていたため、引っかかりやすい状態だった。
	管理的	・作業手順が遵守されていなかった。 ・避難場所が引き上げ型枠付近で余裕がない所に指示をしていた。
対　策		・介錯ロープの結び目をなくす。 ・介錯ロープも含め一つの吊り荷との認識を持たせる。 ・待避場所は余裕を持たせる。 ・作業開始前に必ず上下を含め周辺の安全確認を実施する。 ・上記を含めた作業手順の再教育。

事例14 内装工事

断熱パネルを荷揚げ中、吊りワイヤーのフックからナイロンスリングが外れて、吊り荷の断熱パネルが落下

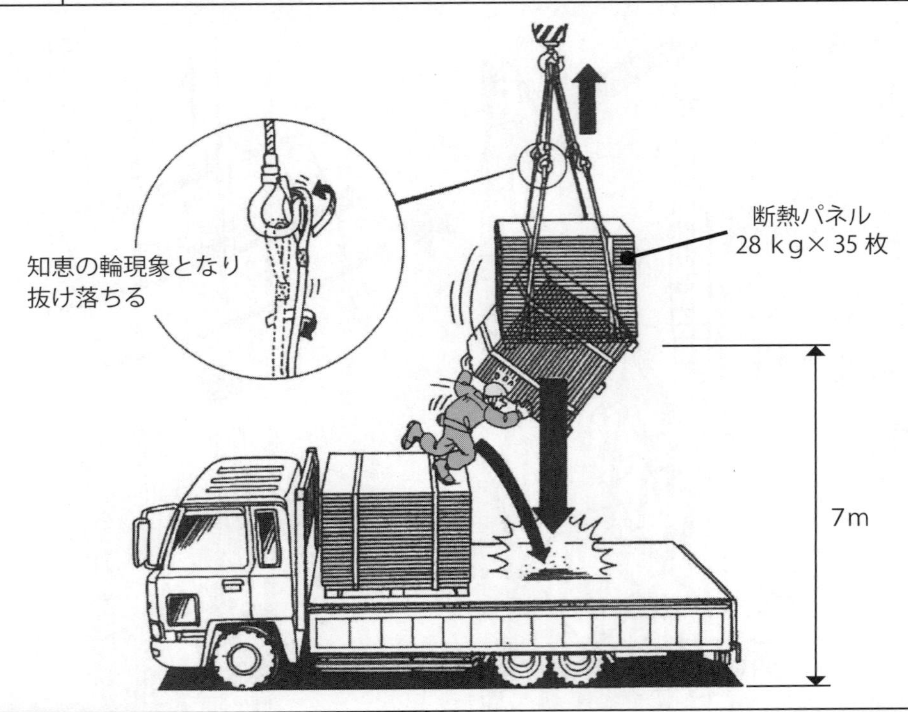

事故の型		飛来・落下
分類	作業の種類	断熱材取付け
	災害の種類	玉掛け
	起因物	移動式クレーン

職種	年齢	経験年数
エレベーター工	45	25

傷病名	休業日数	請負次数
―	死亡	3次

発生状況		断熱パネルをトラック上から25 tラフタークレーンにて2階トラックバースへ荷揚げ中、地上約7mまで吊り荷を上昇させたところ、4点吊りワイヤーのサブフック1カ所から突然「繊維スリング」が外れ、吊り荷の断熱パネルがトラック荷台に落下して被災者に激突した。「知恵の輪現象」が原因と推測される。
要因	人的	・指示・合図・誘導の無視 ・危険箇所への立入り
	物的	・機械・器具の形状・構造の欠陥 ・安全通路・昇降設備の欠陥・未設置
	管理的	・作業・安全計画・作業手順の不安全・未作成 ・ＫＹＫの内容不足・未実施 ・作業主任者・指揮者・監視人配置不適切
対策	人的	・職員・作業員への吊り荷直下立入禁止徹底の教育
	物的	・吊り具をサブフックからシャックル等に変更する。 ・トラック荷台に容易に昇降できる設備を設ける。
	管理的	・単一作業手順シートを作成し、作業員へ周知する。 ・作業指揮者（監視人）を配置する。

事例 15	吊り上げた鉄筋のナイロンスリングが吊りフックから外れ、鉄筋が落下
道路工事	

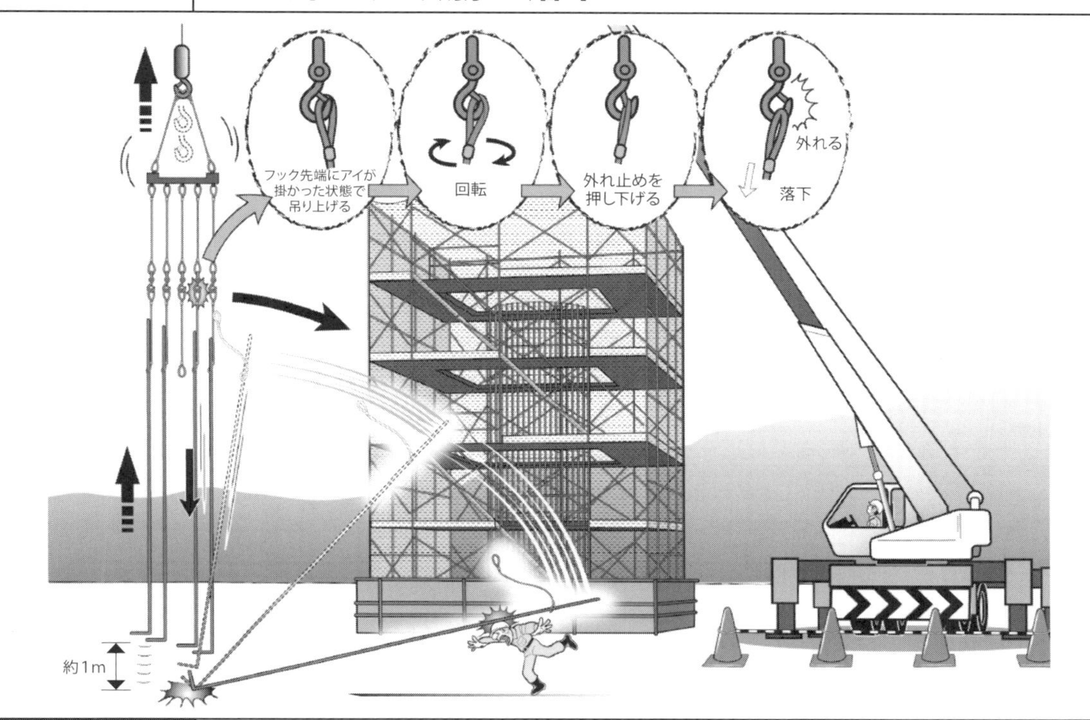

事故の型		飛来・落下
分類	作業の種類	柱筋揚重作業
	災害の種類	鉄筋の落下
	起因物	工具・用具（ナイロンスリング）

職種	年齢	経験年数
鉄筋工	57	30

傷病名	休業日数	請負次数
ー	死亡	3次

発生状況	10時30分頃、施工中の橋脚近くの鉄筋資材ヤードで、10時の休憩後に被災者が鉄筋4本が玉掛けされた専用吊冶具をクレーンフックに掛け、鉄筋を1m程吊り上げた時、吊冶具フックからナイロンスリング1本が外れ、落下した鉄筋約188 kgの下敷きとなった。
要因	1.「知恵の輪」現象の発生を想定していなかった。（知らなかった） 2. 詳細作業手順書の作成が行われず、作業手順書と現場の実作業手順が一致していなかった。 3. 玉掛け合図者が吊りフックにナイロンスリングのアイが確実に掛かっていることを確認しないで合図を行った。
対策	1.「知恵の輪」現象の発生が想定される作業に対して、発生のメカニズム・防止対策の教育を徹底して行う。 2. 詳細作業手順書の作成を指導し、実作業における危険有害要因を洗い出しリスク評価を実施させる。 3. 合図者は吊り荷の安定ならびに周囲の安全を確認後、合図を行う責任があることを再度指導・教育する。 ※吊りフックはラッチロック式フックもしくはシャックルの使用を基本とし、外れ止めのみのフックの使用は原則禁止とする。（対象は、吊り具ロープ等のアイ部分に取り付けられる「吊りフック」）

事例 16 造成工事	荷卸し作業中、大型土のう（フレコンパック）に接触、荷台から転落

事故の型		転落
分類	作業の種類	大型土のうの荷卸し作業
	災害の種類	吊り荷に接触
	起因物	大型土のう

職種	年齢	経験年数
運転手	60	31

傷病名	休業日数	請負次数
大腿骨 頚部骨折	3カ月	請負外

発生状況		トラックの荷台から大型土のう（改良材）をクレーン機能付バックホウにより荷卸し中、大型土のうを吊り、旋回したところ吊り荷が被災者（トラック運転手）に接触、荷台から転落した。
要因	人的	・被災者（トラック運転手）がバックホウ運転手の死角に入り、退避が不完全だった。 ・バックホウ運転手が憶測で旋回した。
	物的	・被災者が荷台のあおりに足をとられた。 ・吊り荷が揺れた揺れた。
	管理的	・被災者（トラック運転手）は、玉掛作業の資格を持っていなかった。 ・作業人員の配置不足だった。
対　策		1. 吊り荷旋回内立入禁止を徹底する。 2. 合図者、玉掛者を配置し、玉掛者が荷から離れたのを確認し、吊り荷の合図を行う。 3. トラック運転手には、玉掛作業を行わせない。 4. 作業手順を見直し、再教育する。

事例 17	吊り上げ中の軽量鋼矢板が外れ、作業員に激突
土木工事	

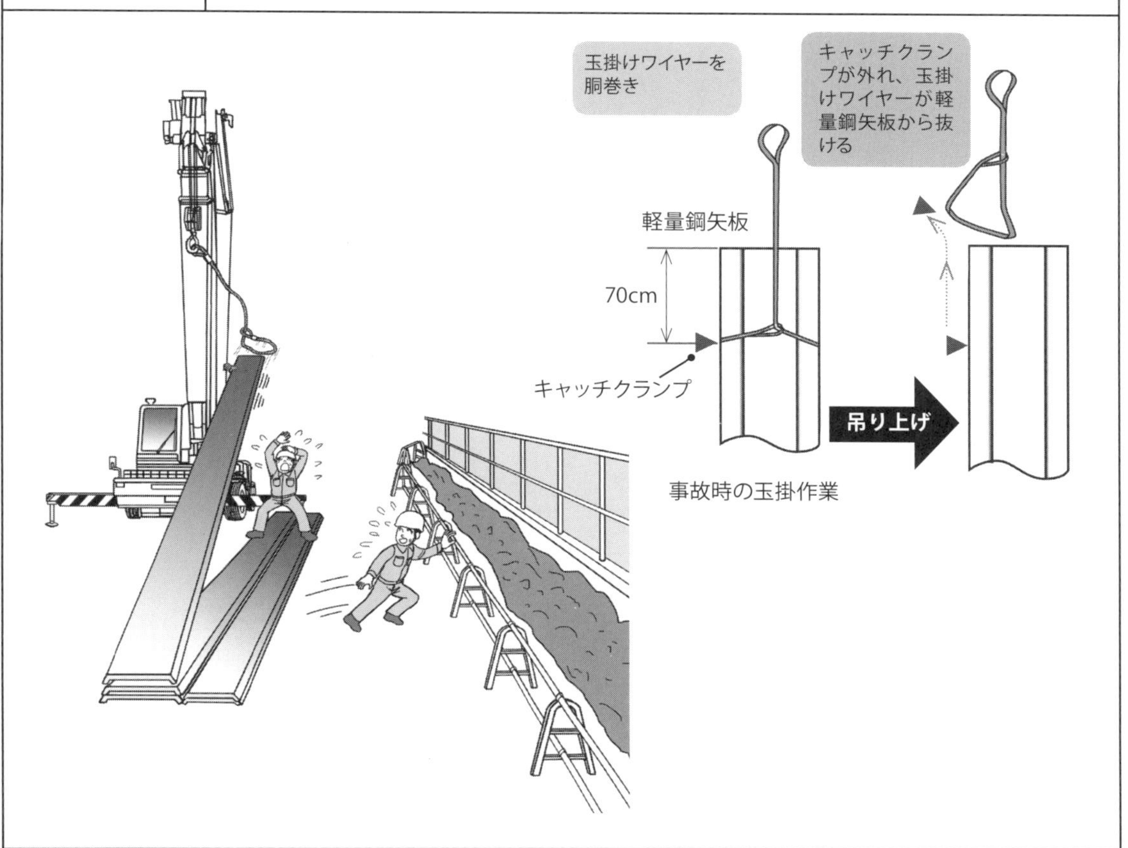

事故の型		飛来・落下	
分類	作業の種類	吊り上げ作業	
	災害の種類	クレーン等で運搬中の飛来・落下	
	起因物	キャッチクランプ	

職種	年齢	経験年数
溶接工	70 代	30 年以上 35 年未満

傷病名	休業日数	請負次数
ー	死亡	ー

発生状況	共同溝補強のためシートパイルを敷設する工事において、軽量鋼矢板圧入と鋼矢板頭部の補強溶接作業を行っていた。軽量鋼矢板をワイヤーロープと単管用キャッチクランプを用いて、ホイールクレーンにて吊り上げ作業を行っていたところ、該当ワイヤーロープから軽量鋼矢板が外れ、下方で作業していた被災者の頭部を直撃した。
要　因	1. 職業の判断で作業手順書の吊り穴を使用した吊り方法でなく、玉掛けワイヤーを胴巻きし、滑り止めとしてキャッチクランプを使用していた。 2. 吊り荷の下に人を入らせない措置が不十分であった。
対　策	1. 職長と作業者は、作業手順書の施工方法を厳守する。 2. 吊り荷の下に人が立ち入らないよう、監視員を配置する。

事例 18 道路工事	ナイロンスリングが切れて、吊り荷が落下

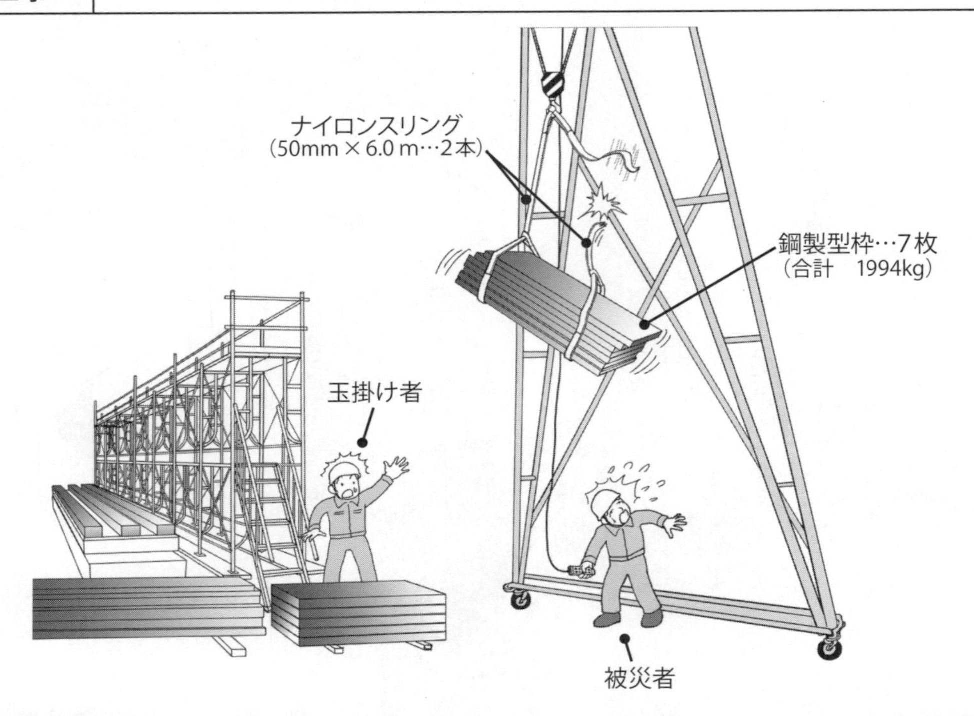

事故の型		はさまれ、巻き込まれ
分類	作業の種類	桁制作工
	災害の種類	クレーン等で運搬中の落下
	起因物	クレーン

職種	年齢	経験年数
ＰＣ工	49	15

傷病名	休業日数	請負次数
ー	死亡	2次

発生状況	U桁鋼製型枠底枠を 2.8 トンの門型クレーンにてナイロンスリングで吊っている際に、ナイロンスリングが切れて吊り荷が落下し、クレーンの操作者である被災者が鋼枠に挟まれた。
要　因	・ナイロンスリング（50mm 幅 - 6 m）２本の絞り込みによる玉掛けを行った際、鋼製型枠の面木角部でナイロンスリングにセン断力が作用して切断し、吊り荷が落下した。
対　策	1. 玉掛用具としてナイロンスリングの使用を基本的に禁止とする。 2. 鋼材の角には当て物（養生）をして玉掛けを行うことを周知徹底させ、指差呼称で確認する。 3. 吊り荷近接での作業を行わないよう操作リモコンのコードを伸ばす。 4. 玉掛作業について、安全教育訓練を実施する。 5. ３・３・３運動の徹底を図り、吊り作業の周辺への立入禁止措置や声掛けによる人払いを周知させる。

10 玉掛索使用上の注意事項（事前教育資料）

…………　絶対に行ってはならないこと

…………　必ず実施しなければならないこと

10. 1　重大災害を防ぐため必ず守らなければならないこと

（1）ワイヤーロープ

■玉掛索は、使用荷重、吊り荷重、吊り本数、吊り角度および吊り方を考慮して、安全率（安全係数）が６以上確保できるものを選定すること。（安全率が不足していると、急激な衝撃荷重や損傷劣化などにより破断するおそれがある。）

■吊り角度は、できるだけ60°以内とすること。（吊り角度が大きくなると玉掛索に大きな張力が掛かり危険となる。）

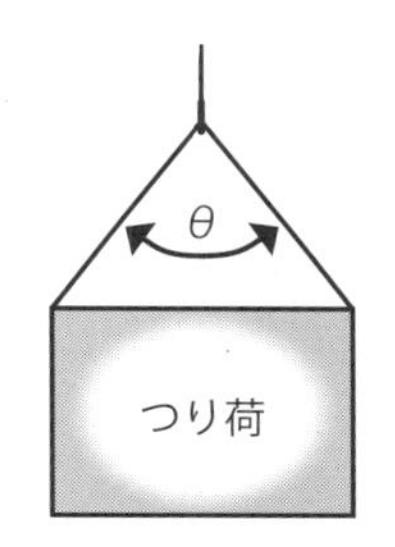

２本吊りの場合

吊り角度（θ）	0°	30°	60°
１本のロープに掛かる張力（使用荷重に対する倍率）	0.50	0.52	0.58

■フック部などで、ロープを小さく曲げると強度が低下する。大きくできない場合はマスターリンク、シンブル等で補強するか、または強度低下率を考慮して玉掛索を選定すること。

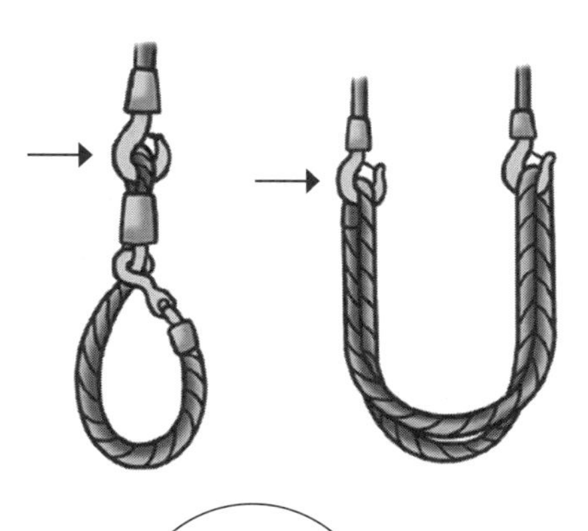

6 × 24 の場合

ロープ径に対する曲げの大きさ（直径）	1 倍	5 倍	10 倍	20 倍
強度低下率	50%	30%	25%	10%

■アイ加工が手編みの場合は、ロープ加工技能士の加工したものを使用すること。

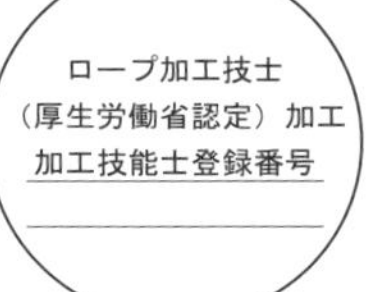

■台付索は、玉掛け作業には使用しないこと。（台付索に加工方法の規定がなく、玉掛け作業に使用すると抜けるおそれがある。）

■玉掛索は、１本吊りを行うと加工部を痛めたり、吊り荷が回転したりする危険があるため厳禁する。

■玉掛け作業は、労働安全衛生法に定められた有資格者が行うこと。（吊り荷の重心判断や吊り方を誤ると大災害を引き起こす恐れがある。）

玉　掛

第 8555 号

平成 5 年 9 月 20 日交付

宮城労働基準局長指定教習機関

建設業労働災害防止協会宮城県支部長

氏名　工業会 太郎

昭和 45 年 11 月 6 日生

備考	平成 12 年 10 月 3 日再交付	本籍地	宮城県
		住所	宮城県

■アルミ合金で圧縮止めした玉掛索は、海水中では溶解してロープが抜ける恐れがあるため使用しないこと。

■ロープのねじれや曲がりが発生したら、修正しキンクを防ぐこと。

■アイ部および圧縮止め部の亀裂、変形、ロープのずれ、または著しい傷などが発生しているものは使用を停止すること。

（2）ベルトスリング

■ 100℃以上の熱いものは吊らないこと。

■酸・アルカリに触れないよう使用すること。

■引き抜いたり引きずったりしないこと。

■使用後は、湿気、酸、アルカリ等の薬品、直射日光の影響を受けない場所に保管すること。（日光にさらすと、光劣化により繊維の強度が低下する。）

10. 2　作業前、作業中に注意すべきこと

（1）ワイヤーロープ

■玉掛索の使用に際しては、製品ラベル等によりロープ構成、ロープ径、破断荷重または種別を確認すること。

■圧縮止め玉掛索の場合、アイ部の開き角度は大きなフックやピンを無理に入れて 60°を超える使用はしないこと。

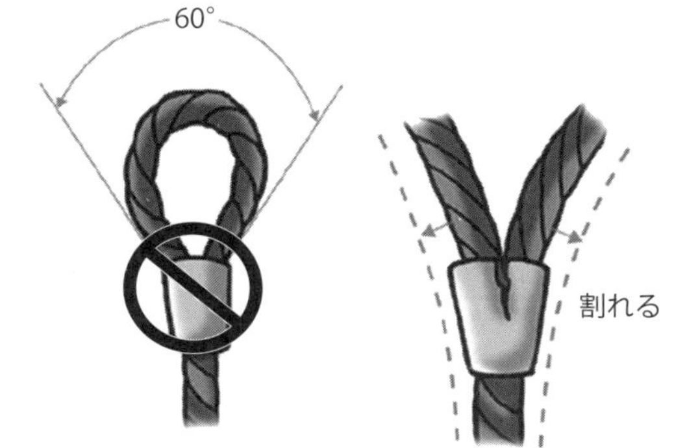

■圧縮止め玉掛索の場合、圧縮部を吊り荷のエッジ等に当てないように使用すること。

■酸やアルカリにさらされる場所、100℃を超える高温環境下で繊維心ロープは使用しないこと。

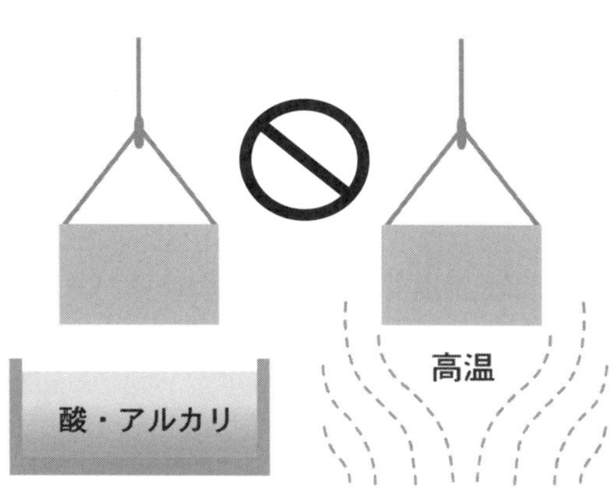

■玉掛索が鋭利な角に当たる場合は、
当てものを使用すること。

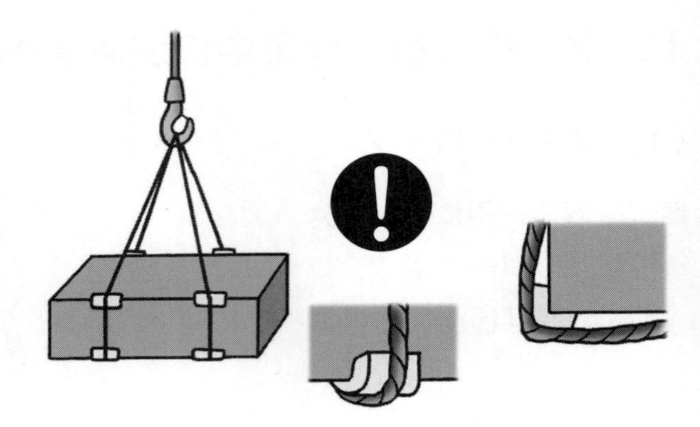

■玉掛索は、日常の保守点検を必ず実施すること。

点検項目	点検の種類		点検方法
	日常	定期	
(1) 断線	○	○	目視
(2) 摩耗	○	○	計測
(3) 腐食	○	○	目視
(4) 形くずれ	○	○	目視
(5) 電弧または熱影響	○	○	目視
(6) 塗油の状態	○	○	目視
(7) アイ部、圧縮止め部	○	○	目視

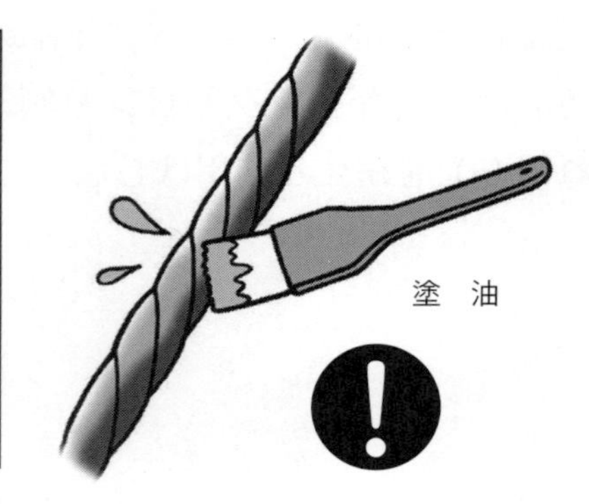

■玉掛索のアイスプライス部は、素線のひげが出ているため、直接手で触れないないこと。

■玉掛索のアイ圧縮部は、ロープの端部が出ているため、直接手で触れないこと。

■ロープにはグリースが塗布されているため、吊り荷や衣類等の汚れに注意すること。

■玉掛索は、電気溶接作業等でスパークさせないこと。

(2) ベルトスリング

■作業環境により、一定の使用期間を定め、廃棄し、新品と交換すること。

11 点検表

［玉掛けワイヤー］

点検の記録

確　認　印	
安全衛生責任者	取扱責任者
・　・	・　・

点検結果記入例：良（○）　不良（×）・・・使用停止

［管理 No］		［ロープの径］	mm	［ロープ長］	m				
作業開始前点検	No	点　検　事　項	点検月日・点検結果（異常個所は直ちに補修のこと）						
			／	／	／	／	／	／	／
	①	1よりの間で素線数の10%以上の素線が切断していないか							
	②	直径の減少が公称径の7%を超えていないか							
	③	キンクしていないか							
	④	著しい形くずれや腐食はないか							
	⑤	合金圧縮止めの変形、亀裂、磨耗及び合金圧縮止め口元部の抜けがないか							
	⑥	シャックル、クリップ等に変形や亀裂はないか							
	⑦	吊りｸﾗﾝﾌﾟ、ﾊｯｶｰ、ﾁｪｰﾝﾌﾞﾛｯｸ等の玉掛け用具の機能、作動は良いか							
	⑧								
保管期間：工事が完了するまで持込み会社が保管する		点　検　者（サイン）							

月例又は週間点検	No	点　検　事　項	点検月日	月　　日
			点　検　結　果	
	①	1よりの間で素線数の10%以上の素線が切断していないか		点検項目中、1つでも異常があれば使用停止（即切断・廃棄）良好なものは点検色テープにより識別する
	②	直径の減少が公称径の7%を超えていないか		
	③	キンクしていないか		
	④	著しい形くずれや腐食はないか		
	⑤	合金圧縮止めの変形、亀裂、磨耗及び合金圧縮止め口元部の抜けがないか		
保管期間：工事完了迄	点検者氏名			

［ベルトスリング］

点検の記録

確　認　印	
安全衛生責任者	取扱責任者
・　・	・　・

点検結果記入例：良（○）　不良（×）・・・使用停止

［管理No］		［ベルトの幅］	mm	［ベルト長］	m				
作業開始前点検	No	点　検　事　項	点検月日・点検結果（異常個所は直ちに補修のこと）						
			／	／	／	／	／	／	／
	①	アイ部に毛羽立ち、傷、変色、着色、溶融、汚れがないか							
	②	縫製部に縫糸の切断がないか							
	③	本体に毛羽立ち、傷、変色、着色、溶融、汚れがないか							
	④	金具に変形、傷、き裂、磨耗、腐食がないか							
	⑤	当てものに変形、破損がないか							
	⑧								
保管期間：工事が完了するまで持込み会社が保管する		点　検　者（サイン）							

月例又は週間点検	No	点　検　事　項	点検月日	月　日
			点　検　結　果	
	①	アイ部に毛羽立ち、傷、変色、着色、溶融、汚れがないか		点検項目中、1つでも異常があれば使用停止（即切断・廃棄）良好なものは点検色テープにより識別する
	②	縫製部に縫糸の切断がないか		
	③	本体に毛羽立ち、傷、変色、着色、溶融、汚れがないか		
	④	金具に変形、傷、き裂、磨耗、腐食がないか		
	⑤			
保管期間：工事完了迄		点検者氏名		

［ラジコンホルダー］

型　式	2 ton 用
能　力	5 ton 用

取扱い注意事項

1. 吊り物のピン部に接触する表面コンクリートや油などは必ず除去する
2. 垂直吊りに使用しない
3. 作業中ラジコンホルダーを障害物にぶつけないように注意する
4. ラジコンホルダーのピン類は、連続使用１年で定期点検を依頼

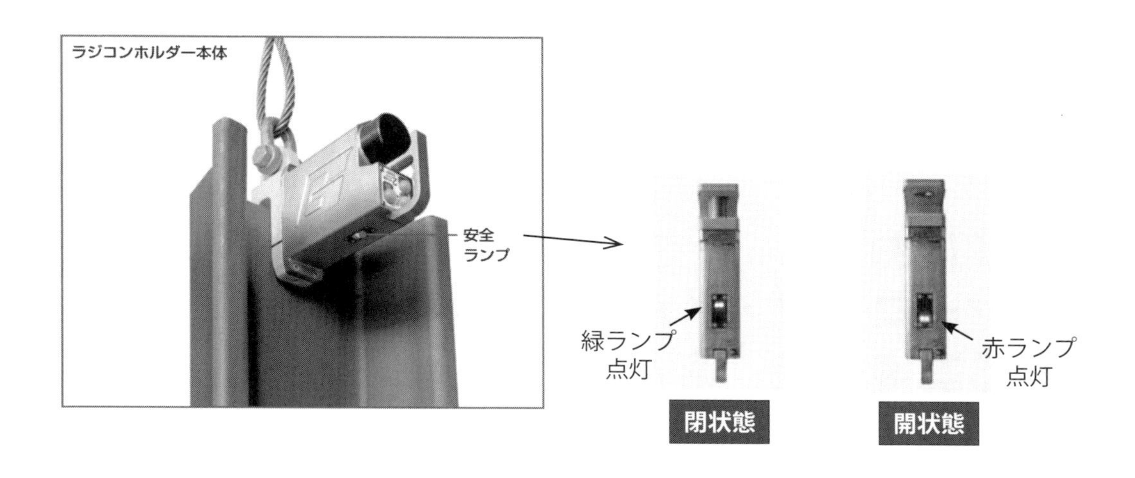

No.	点検箇所・項目	月分　日付 / 曜日							
			月	火	水	木	金	土	日
1	ボディー全体	亀裂・変形はないか							
2	安全ピン	目詰まり・摩耗はないか							
3	安全ピンの作動	ラジコンによる作動はよいか（閉・開）							
4	バッテリー	充電量はよいか							
5	安全ランプ	作動はよいか（緑・赤）							
6	シャックル	弛み・脱落はないか							
7	ワイヤー	キンク・摩耗・形くずれ・麻芯のはみ出し							
		点検者名前							
		元請管理責任者							

（※　○：良　・　×：否　・　△：補修　・　／：休車）

〈資料提供〉
下記各社より貴重な資料を御提供いただきました。
・株式会社キトー
・株式会社スーパーツール
・東京製鋼株式会社
・前田工繊株式会社
・株式会社技研製作所

建設業における
ワイヤーロープ・ベルトスリング等が
わかる基礎知識　第4版

2005年 5月 23日　初版発行
2011年 3月 31日　第2版発行
2015年 4月 10日　第3版発行
2019年 6月 13日　第4版発行

編　集　仙台建設労務管理研究会

発行所　株式会社労働新聞社
〒173-0022　東京都板橋区仲町29-9
TEL：03-3956-3151　FAX：03-3956-1611
https://www.rodo.co.jp/
pub@rodo.co.jp

印刷・製本　株式会社ビーワイエス

ISBN 978-4-89761-762-6